SCIENCE

UO YU KEXUE ZHUSMISANG

普及科学知识，拓宽阅读视野，激发探索精神，培养科学热情。

亲自动手做实验

包罗各种科普知识，汇集大量精美插图，
为你展现一个生动有趣的科普世界，让你体
会发现之旅是多么有趣，探索之旅是多么神
奇！

吉林出版集团
北方妇女儿童出版社

图书在版编目（CIP）数据

亲自动手做实验 / 李慕南,姜忠喆主编. —长春：
北方妇女儿童出版社,2012.5（2021.4重印）
（青少年爱科学. 我与科学捉迷藏）
ISBN 978 - 7 - 5385 - 6328 - 3

Ⅰ.①亲… Ⅱ.①李… ②姜… Ⅲ.①科学实验 – 青
年读物②科学实验 – 少年读物 Ⅳ.①N33 – 49

中国版本图书馆 CIP 数据核字（2012）第 061963 号

亲自动手做实验

出 版 人	李文学	
主 编	李慕南 姜忠喆	
责任编辑	赵 凯	
装帧设计	王 萍	
出版发行	北方妇女儿童出版社	
地 址	长春市人民大街 4646 号 邮编 130021	
	电话 0431 – 85662027	
印 刷	北京海德伟业印务有限公司	
开 本	690mm × 960mm 1/16	
印 张	13	
字 数	198 千字	
版 次	2012 年 5 月第 1 版	
印 次	2021 年 4 月第 2 次印刷	
书 号	ISBN 978 - 7 - 5385 - 6328 - 3	
定 价	27.80 元	

前　　言

科学是人类进步的第一推动力,而科学知识的普及则是实现这一推动力的必由之路。在新的时代,社会的进步、科技的发展、人们生活水平的不断提高,为我们青少年的科普教育提供了新的契机。抓住这个契机,大力普及科学知识,传播科学精神,提高青少年的科学素质,是我们全社会的重要课题。

一、丛书宗旨

普及科学知识,拓宽阅读视野,激发探索精神,培养科学热情。

科学教育,是提高青少年素质的重要因素,是现代教育的核心,这不仅能使青少年获得生活和未来所需的知识与技能,更重要的是能使青少年获得科学思想、科学精神、科学态度及科学方法的熏陶和培养。

科学教育,让广大青少年树立这样一个牢固的信念:科学总是在寻求、发现和了解世界的新现象,研究和掌握新规律,它是创造性的,它又是在不懈地追求真理,需要我们不断地努力奋斗。

在新的世纪,随着高科技领域新技术的不断发展,为我们的科普教育提供了一个广阔的天地。纵观人类文明史的发展,科学技术的每一次重大突破,都会引起生产力的深刻变革和人类社会的巨大进步。随着科学技术日益渗透于经济发展和社会生活的各个领域,成为推动现代社会发展的最活跃因素,并且成为现代社会进步的决定性力量。发达国家经济的增长点、现代化的战争、通讯传媒事业的日益发达,处处都体现出高科技的威力,同时也迅速地改变着人们的传统观念,使得人们对于科学知识充满了强烈渴求。

基于以上原因,我们组织编写了这套《青少年爱科学》。

《青少年爱科学》从不同视角,多侧面、多层次、全方位地介绍了科普各领域的基础知识,具有很强的系统性、知识性,能够启迪思考,增加知识和开阔视野,激发青少年读者关心世界和热爱科学,培养青少年的探索和创新精神,让青少年读者不仅能够看到科学研究的轨迹与前沿,更能激发青少年读者的科学热情。

二、本辑综述

《青少年爱科学》拟定分为多辑陆续分批推出,此为第四辑《我与科学捉迷藏》,以"动手科学,实践科学"为立足点,共分为 10 册,分别为:

1.《边玩游戏边学科学》

2.《亲自动手做实验》

3.《这些发明你也会》

4.《家庭科学实验室》

5.《发现身边的科学》

6.《365 天科学史》

7.《用距离丈量科学》

8.《知冷知热说科学》

9.《最重的和最轻的》

10.《数字中的科学》

三、本书简介

　　本册《亲自动手做实验》从不同角度引导青少年朋友用自己的双手化平凡为神奇，亲手揭开自然科学的神秘面纱，探索自然世界中的奥秘。所有这些科学实验操作起来都非常简单，实验中所用到的工具和材料就在我们的身边，不用费心思去搜寻。不过，这些看起来简单易行、妙趣横生的小实验可都蕴涵着不简单的科学原理和自然规律，不但可以让青少年朋友在实验中玩得开心，真正体会到动手动脑的乐趣，而且能开拓青少年朋友的视野，启发青少年朋友非凡的智慧，真正培养他们在日常生活中发现、探索自然规律的习惯。值得一提的是，青少年朋友在操作实验时一定要小心，注意安全。此外，为了让青少年朋友更加准确地操作实验、认识并掌握科学原理，本书绘制了大量的实验步骤示意图，为每一个实验的操作步骤做了形象生动的描述；同时也希望这些精美的图片能给青少年朋友带来美好的视觉享受，让青少年朋友能在本书中尽情体验一场全方位的实验盛会。

　　本套丛书将科学与知识结合起来，大到天文地理，小到生活琐事，都能告诉我们一个科学的道理，具有很强的可读性、启发性和知识性，是我们广大读者了解科技、增长知识、开阔视野、提高素质、激发探索和启迪智慧的良好科普读物，也是各级图书馆珍藏的最佳版本。

　　本丛书编纂出版，得到许多领导同志和前辈的关怀支持。同时，我们在编写过程中还程度不同地参阅吸收了有关方面提供的资料。在此，谨向所有关心和支持本书出版的领导、同志一并表示谢意。

　　由于时间短、经验少，本书在编写等方面可能有不足和错误，衷心希望各界读者批评指正。

本书编委会
2012 年 4 月

目　　录

在水中保持干燥 ……………………………………………… 1

称量空气 …………………………………………………………… 3

房间里的空气 …………………………………………………… 5

无形的力 …………………………………………………………… 6

空气使水上升 …………………………………………………… 7

比水更强大的力量 …………………………………………… 9

气压痕迹 ………………………………………………………… 11

挤压空气 ………………………………………………………… 12

"喷气式"气球 ………………………………………………… 13

加热空气和冷却空气 ………………………………………… 15

神奇的玻璃杯 …………………………………………………… 17

螺旋 ……………………………………………………………… 18

空气循环 ………………………………………………………… 19

保存热量 ………………………………………………………… 21

谁在挤压塑料瓶 ……………………………………………… 23

空气的推力 ……………………………………………………… 24

神奇的吹气（1）……………………………………………… 25

神奇的吹气（2）……………………………………………… 27

纸飞机 …………………………………………………………… 28

氧气耗尽 ………………………………………………………… 30

工作中的植物 …………………………………………………… 32

二氧化碳灭火器 ……………………………………………… 34

"看见"声音 ……………………………………………… 35

观察振动 …………………………………………………… 37

被放大的声音 ……………………………………………… 38

橡皮筋制造的声音 ………………………………………… 40

水往高处流 ………………………………………………… 42

水中绽放的纸花 …………………………………………… 43

水的重量 …………………………………………………… 45

简易喷泉 …………………………………………………… 47

水和热量 …………………………………………………… 49

水上漂浮 …………………………………………………… 51

隔水膜 ……………………………………………………… 53

水中的小孔 ………………………………………………… 54

肥皂船 ……………………………………………………… 56

同心半球 …………………………………………………… 58

蹦蹦跳跳的泡泡 …………………………………………… 60

弹簧秤揭示了什么 ………………………………………… 61

形状决定沉浮 ……………………………………………… 63

浮力的限制 ………………………………………………… 65

蹦蹦跳跳的卫生球 ………………………………………… 67

密度测试 …………………………………………………… 69

盐水的密度与浮力 ………………………………………… 70

消失的水 …………………………………………………… 72

变回液态 …………………………………………………… 74

无源之水 …………………………………………………… 75

固体水 ……………………………………………………… 76

冰在水中融化 ……………………………………………… 78

溶解还是不溶解 …………………………………………… 79

饱和 ………………………………………………………… 81

盐晶体 ……………………………………………………… 83

分离溶液 …………………………………………………… 84

沿直线传播 ………………………………………………… 86

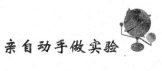

照在地球上的光 ·················· 88

挡住光线 ·················· 90

花园日晷 ·················· 92

穿过或不穿过 ·················· 94

物体的透光性 ·················· 95

闪亮的白纸 ·················· 97

从黑暗到光明 ·················· 98

真实的反射 ·················· 100

镜子对镜子 ·················· 102

做一个潜望镜 ·················· 104

光线"反弹" ·················· 106

发光的"喷水机" ·················· 108

光线被折断 ·················· 110

被水放大 ·················· 112

光线相交 ·················· 114

光的聚集和发散 ·················· 116

近在眼前的月亮 ·················· 118

制作一架简单的望远镜 ·················· 119

彩色的旋转陀螺 ·················· 121

彩虹的颜色 ·················· 123

颜色混合 ·················· 125

墨水里的颜色 ·················· 127

红色滤光器 ·················· 129

虚拟日出实验 ·················· 131

光和热 ·················· 133

热量储存实验 ·················· 135

眼睛是如何工作的? ·················· 137

盒子里的图像 ·················· 138

下落实验 ·················· 141

弹簧秤 ·················· 143

反弹 ·················· 145

水车 ………………………………………… 147

不受影响的硬币 …………………………… 149

生的还是熟的? …………………………… 151

用滚轴来移动 ……………………………… 153

省力地移动 ………………………………… 155

重力和运动 ………………………………… 157

方向的改变 ………………………………… 159

能量的转换 ………………………………… 161

会"下楼"的弹簧 ………………………… 163

气箭 ………………………………………… 164

旋转的球 …………………………………… 166

力的较量 …………………………………… 168

孩子的力量游戏 …………………………… 170

更加轻松的路线 …………………………… 172

找重心 ……………………………………… 174

神奇的盒子 ………………………………… 177

重心是高还是低? ………………………… 179

连锁的"椅子" …………………………… 181

脆弱而又坚强的蛋壳 ……………………… 182

坚韧的支撑物 ……………………………… 184

连锁运动 …………………………………… 186

动量的传递 ………………………………… 187

齿轮 ………………………………………… 189

蒸汽发动机 ………………………………… 191

哪些东西能抵抗吸引力? ………………… 193

水下的磁力 ………………………………… 195

赛车游戏 …………………………………… 197

龙舟赛 ……………………………………… 199

在水中保持干燥

材料准备

1 个干净的大口玻璃瓶，1 个乒乓球，1 张纸，1 个装水的透明的碗或盆（比玻璃瓶高）。

实验步骤

1. 把纸放入玻璃瓶底。
2. 把乒乓球放置在盆内的水面上。
3. 把玻璃瓶倒置，扣住乒乓球，然后把玻璃瓶用力往下压，直到瓶口接触到盆底。

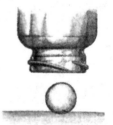

产生现象

水没有进入玻璃瓶内，而乒乓球在盆底静止不动，几乎还是干燥的。

原因解答

玻璃瓶内的空气阻止了水进入玻璃瓶内，所以玻璃瓶里的纸没被弄湿。如果把玻璃瓶垂直向上提出水面，你会看到，玻璃瓶内的纸几乎没有变湿，玻璃瓶内仍然保持干燥状态。

4. 把玻璃瓶再次浸入水中。

5. 当玻璃瓶口接触到盆底的时候，稍微倾斜一点点。

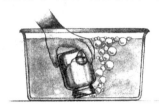

产生现象

一串串空气泡从玻璃瓶里跑出来，冒出水面，然后破裂。水进入了玻璃瓶，乒乓球在玻璃瓶内向上漂浮，最后水把纸浸湿了。

原因解答

玻璃瓶里的空气找到了跑出玻璃瓶的路径，并且向上升。现在，水进入瓶内占据了玻璃瓶里空气所占据的空间。

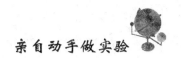

称量空气

材料准备

2 根塑料棒，1 根长 15 厘米，1 根长 30 厘米；2 个大小相同、颜色不同的气球，稍微充气；2 罐饮料；1 卷胶带；1 支铅笔。

实验步骤

1. 用铅笔在 30 厘米长的塑料棒的中心点处做一个记号。

2. 用胶带把两个气球分别套在塑料棒的两端。

3. 把 15 厘米长的塑料棒两端分别粘在两个饮料罐上，然后把 30 厘米长塑料棒的中心点放在 15 厘米塑料棒上。

产生现象

30 厘米的塑料棒仍然保持着平衡。

原因解答

塑料棒两端的两个气球重量相等。

4. 把一个气球取下来，打满气，然后把它再套在 30 厘米塑料棒的一端，把塑料棒的中心点放在 15 厘米塑料棒的上面。

产生现象

充满气的气球的那一端往下压。

原因解答

充满气的气球里的空气质量比另一端的气球里的空气质量大。

房间里的空气

材料准备

1 把米尺（或 1 把软尺），1 支笔和一张纸，1 个体重计。

实验步骤

1. 以米为单位，测量房间的大小，分别测量房间的长、宽、高。

2. 将测量得到的数据相乘，得出房间的体积（体积＝长×宽×高）。

3. 科学家们经过计算得出，1 立方米空气约重 1.2 千克。因此，如果用房间的体积乘以 1.2，你就可以得出房间里空气的质量。

4. 现在用体重计称你自己的体重，与房间中的空气质量相比，哪一个更重呢？

产生现象

你会发现，房间中空气的重量比你还重。

原因解答

一个中等大小的房间里的空气重量跟一位成年人的体重大致相等（约为 70 千克）。

无形的力

材料准备

1 把尺子，1 大张白纸，1 块木板。

实验步骤

1. 把尺子放在木板上，使它的 1/3 露在木板的外面。

2. 把白纸放在尺子的上面，并使白纸平摊在木板上。

3. 用力向下击打露在木板外面的尺子部分，使纸跳到空中（注意不要用力过猛把尺子打断）。

产生现象

纸阻止尺子跳起来。

原因解答

空气向下压着白纸。因为白纸的面积很大，所以尽管向下击打的力量很大，但是纸面上的空气重量足以阻止它跳起来。

空气使水上升

材料准备

1个盆，1个玻璃杯，清水。

实验步骤

1. 把玻璃杯放进盛满清水的盆中，使杯底朝上。

2. 把玻璃杯向上提，但是不要使杯口离开水面。

产生现象

玻璃杯中的水面上升了，比玻璃杯外的水面要高。

原因解答

　　盆里水的表面上的空气压力把水推进了玻璃杯里。如果玻璃杯的杯口离开盆的水面，空气就会进入玻璃杯，并把玻璃杯里的水向外推出，玻璃杯就会变空。

比水更强大的力量

材料准备

1个杯口光滑的透明玻璃杯；1张风景明信片，或者1张明信片大小、表面光滑的卡片；少量清水；1个用来做实验的水池。

实验步骤

1. 将玻璃杯装满清水。

2. 小心地把明信片光滑的一面放在玻璃杯的杯口上。

3. 用手指按住明信片，将玻璃杯倒过来。
4. 把手从明信片上拿开。

产生现象

明信片仍然附着在玻璃杯口，而且玻璃杯中的水也没有流出来。

原因解答

明信片下方的空气压力比玻璃杯中的水的重量更大，这就是明信片能承受住水的重量让水无法流出来的原因。

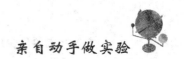
气压痕迹

材料准备

橡皮泥或雕塑黏土；1 个装满水的、用软木塞封口的玻璃瓶。

实验步骤

1. 把橡皮泥弄软，然后把它捏成一个很厚的、与玻璃瓶底形状相同的圆形底座。

2. 把玻璃瓶放在橡皮泥底座上，使它保持直立。

3. 把玻璃瓶拿起，然后把它颠倒，再竖立在橡皮泥底座上。

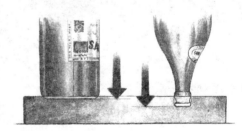

产生现象

玻璃瓶正放在橡皮泥上留下的痕迹比倒着放留下的痕迹浅。

原因解答

正放的玻璃瓶底座占用的面积大，可以分散玻璃瓶的重量。相反，当把玻璃瓶倒放的时候，相同的重量集中在一个更小的面——瓶嘴上，产生了比之前大得多的压力，因此留下的痕迹自然也就更深。人体所产生的压力同样有赖于接触面的大小，这就是为什么雪橇能够防止滑雪者陷入雪里的原因。

挤压空气

材料准备

1个去掉针头的注射器。

实验步骤

1. 把注射器的活塞拉起，使注射器里充满空气。
2. 用一个手指堵住注射器的口，用力向下推活塞，然后放开活塞。

产生现象

活塞仿佛被一种看不见的力量推挤，向上弹起，然后停住。你会感觉到有一股强大的推力挤压着你堵住注射器口的手指。把你的手指拿开，活塞就会回到最初的位置。

原因解答

空气被压缩了，因为活塞压得空气只占据了一个很小的空间。压缩增加了空气的压力——挤压容器内壁和你的手指的那股力量。活塞回到最初的位置是因为被压缩的空气膨胀并从注射器口流出，随后，空气压力减小，然后活塞下落。

"喷气式"气球

材料准备

1 根绳子，1 卷胶带，1 个中号气球，1 根吸管。

实验步骤

1. 将绳子穿过吸管，在房间内寻找两个相同高度的点，并把绳子拉直，将两端紧紧系在这两个点上。

2. 将气球充气，并用手指夹紧气球嘴。

3. 用胶带把气球粘在吸管下方，然后把气球拉到绳子的一端。

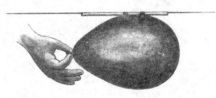

4. 用手指拉住气球嘴，然后松开。

产生现象

气球带着吸管飞快地向前滑去。

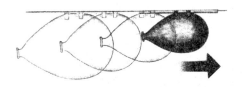

原因解答

当充气的气球封闭时，气球里面的空气压力均匀地作用于气球内壁。当气球被松开以后，气球内部的空气膨胀，在后部产生一个推力，推动气球向前。

加热空气和冷却空气

材料准备

1 个气球，1 个空小口玻璃瓶，1 个装满热水的盆（注意别被烫伤）。

实验步骤

1. 将气球稍微充气，并将它套在玻璃瓶口上。

2. 握着玻璃瓶，将其竖立在热水中 1~2 分钟。

产生现象

气球发生了膨胀。

原因解答

　　跟其他物质一样，空气也是由分子构成的，而分子是由微小的、运动的粒子组成。热量使得这些分子分开了，这意味着玻璃瓶内的空气发生了膨胀，因此需要更多的空间，所以瓶内空气进入了气球，并且使气球膨胀。

　　3. 打开水龙头，用凉水冲玻璃瓶。

产生现象

　　气球慢慢地缩小了。

原因解答

　　因为遇冷，空气收缩了，分子之间相互靠近了。因此，空气占据玻璃瓶内的空间变小，使气球内的气体进入玻璃瓶，气球变小。

神奇的玻璃杯

材料准备

1个玻璃杯，1本书，1块表面光滑的木板，冷水和热水。

实验步骤

1. 将木板轻轻地斜靠在书上，用凉水
清洗玻璃杯，然后将玻璃杯底朝上倒放在木板的最高点。

2. 用热水冲洗玻璃杯，再把它杯底
朝上倒放在木板的最高点。

产生现象

用冷水冲洗过的玻璃杯沿着木板慢慢向下滑行，最后停住。而用热水冲
洗过的玻璃杯会很快地向下滑行，然后跌落。

原因解答

玻璃杯内的空气被热水加热后，发生膨胀，
使得玻璃杯非常轻微地从木板上面抬升，因此它
能够不受阻力地很快滑下木板末端。

螺　旋

材料准备

1 张正方形的纸（边长至少为 13 厘米）；1 支铅笔；1 把剪刀；1 根大约 20 厘米长的绳子；1 个热源，比如一个很热的散热器，或者一个电锅（在成年人的监督下使用）。

实验步骤

1. 如图所示，用铅笔在纸上画螺旋图形，然后用剪刀沿着螺旋形的线将纸剪开。

2. 在螺旋形的中心穿一个小孔，用绳子穿过小孔并打一个结固定住。

3. 将螺旋条悬挂在热源上。

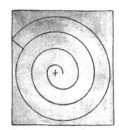

产生现象

螺旋条开始自己旋转起来。

原因解答

空气被热源加热并上升，当上升的空气接触到螺旋的时候，会从螺旋条中间穿过，挤压螺旋条并使之旋转。

空气循环

薄纸条，1 把剪刀，1 根细绳，1 卷胶带。注：这个实验必须在冬天一间温暖的房间里进行。

实验步骤

1. 用胶带把纸条粘在一条至少 1 米长的细绳上。

2. 如图所示，用另外两块胶条把绳子的末端固定在窗户的两个下角。

3. 打开窗户，使它刚好拉紧绳子。现在，开始仔细观察纸条的运动情况。

产生现象

纸条朝房间内弯曲。

原因解答

冷空气进入房间，把纸条压向房内。

4. 现在，重复这个实验。这一次，把绳子的末端粘在窗户的两个上角。

产生现象

纸条朝房间外弯曲。

原因解答

冷空气从窗户的下部进入房间的同时，热空气从房间的上部向外逃逸，把纸条压向房外。

保存热量

3 个一样的带盖玻璃瓶，羊毛巾，几张报纸，1 个与三个玻璃瓶一样深的盒子，热水，可以在水里使用的温度计。

1. 将第一个玻璃瓶用羊毛巾裹起来。把第二个玻璃瓶放在盒子里，并用揉皱的报纸把它包起来，第三个玻璃瓶则不用任何东西包裹。

2. 将三个玻璃瓶都装满热水，然后测量出每个玻璃瓶的水温，盖上盖子。

3. 把三个玻璃瓶放在一个寒冷的地方（如阳台上或一个寒冷的房间）30分钟。

4. 用温度计测量哪个玻璃瓶里的水的温度下降最少。

产生现象

水温下降最多的是没有包裹的那瓶水，而水温下降较少的则是盒子里围着皱报纸的那瓶水和用羊毛巾包裹的那瓶水。

原因解答

羊毛巾和报纸能保存热量，并且使瓶子与冷空气隔绝了，这延缓了水温的下降。

谁在挤压塑料瓶

1个有盖的1.5升空塑料瓶，热水。

1. 将塑料瓶装满热水。

2. 等待几秒钟后，将塑料瓶里的水倒空，并迅速盖上瓶盖。

你会发现，塑料瓶变扁了，就好像有一双手在挤压瓶身！

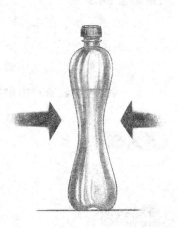

塑料瓶里的空气因为受热膨胀变轻，因此对内壁产生的压力比瓶外空气对外壁的压力小，所以，塑料瓶外的空气挤压瓶子，使之变扁。

空气的推力

材料准备

1 张卡片，1 支铅笔，1 把剪刀，1 个图钉，1 根小木棍。

实验步骤

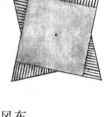

1. 如图所示，把纸剪成图中的形状。
2. 把图中的阴影部分折起来，做成风车。
3. 把风车的中心点用图钉钉在小木棍上。
4. 确保风车能够自由地旋转。拿着小木棍，使风能吹到风车。

产生现象

风车飞快地旋转。

产生现象

空气吹到卡片上时，就会对着卡片聚集在一起，但是被卡片的 4 个角阻挡了。风对卡片的 4 个角的推力让风车不断旋转。风车房和风力农场里风力机器的工作原理与此相同。风吹在可以被推动的阻碍物——帆的表面，可以使它转向。在风力农场里，风能被转化为电能。

神奇的吹气（1）

材料准备

1 张 10 厘米宽、20 厘米长的纸条；1 张白纸；2 本书。

实验步骤

1. 把白纸放在你的下唇下面，向纸的表面吹气。

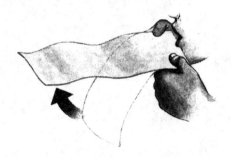

产生现象

纸向上抬升了。

原因解答

吹过纸上表面的空气对纸产生的压力要比纸下表面静止的空气对纸产生的压力小，造成纸向上抬。

2. 把两本书相距 10 厘米放置，然后把长纸条放在两本书上，并向纸吹气。

产生现象

纸从两本书的中间弯了下去。

原因解答

在纸下表面流动的空气对纸产生了一个比纸上表面的空气所产生的压力小的力。纸上表面的空气压力把纸压低了。

神奇的吹气（2）

材料准备

2 个气球，1 根细绳，1 根吸管。

实验步骤

1. 将两个气球充气，用绳子把每个气球的口绑紧。请一个人拿着这两个气球站在你面前，两个气球之间相距 30 厘米。

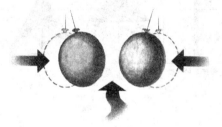

2. 用吸管往两个气球之间吹气。

产生现象

两个气球相互靠近了。

原因解答

两个气球外部的空气是静止的，它们对气球产生的压力比吹在两个气球之间的空气的压力大，所以把两个气球往一起推。

纸 飞 机

材料准备

2 张 A4 纸。

实验步骤

1. 用一张 A4 纸按照下列图片下的说明叠一只纸飞机。

沿着虚线将纸对折，然后再打开。　按照箭头的方向，沿着虚线折叠。　　　　　　　　　　　　在中间两条边上各剪两个小口子。

2. 将那张未折叠的纸扔出去，观察会发生什么。

3. 然后，将纸飞机扔向空中，看看会发生什么。

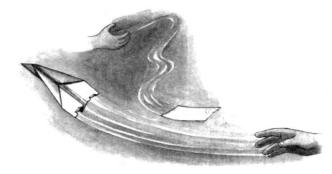

产生现象

那张未折叠的白纸在空中无方向地飘了一会儿，然后很快就掉到地上。而纸飞机在空中停留了更久的时间，飞行线路也更有规律。

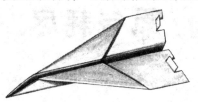

原因解答

纸飞机的形状有利于穿破空气。它利用空气的"提升力"来保持飞行，直到它耗尽扔飞机时的力。而那张白纸则给空气一个很大的面积往下对纸张施压，造成白纸无法飞行。

氧气耗尽

材料准备

1 个汤碟，1 支蜡烛，1 个比蜡烛高的透明玻璃瓶，少量清水，一些墨水，1 根火柴，黏土。

实验步骤

1. 用一些黏土把蜡烛粘在汤碟里。

2. 向汤碟里倒一点水，然后在水里加几滴墨水，这样水就更容易看到了。

3. 请一位成年人帮你点燃蜡烛，然后用玻璃瓶把蜡烛罩上。

产生现象

过一会儿，蜡烛慢慢熄灭了，汤碟里的水涌进玻璃瓶里，占据了大概 1/5 的空间。

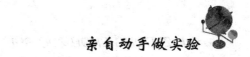

亲自动手做实验

原因解答

　　当蜡烛在燃烧的时候，消耗了空气中的一部分——氧气，汤碟中的水被外面的空气压力挤压，进入玻璃瓶并占据氧气留下的空间。但是水无法将整个玻璃瓶填满，因为剩下的空气中大部分是氮气，仍然占据着玻璃瓶里的空间。

工作中的植物

材料准备

一些带叶的水生植物枝条，1个盆，1个透明的玻璃瓶或花瓶，一些清水。

实验步骤

1. 将盆子装满水。

2. 把枝条放进玻璃瓶，然后把玻璃瓶装满水。

3. 用一张卡片封住玻璃瓶口，用手按住卡片，小心地把瓶口倒过来，然后轻轻地把玻璃瓶放进盆中。

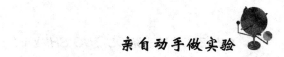

4. 把盆放在太阳光下,小心地把卡片移开。

产生现象

叶子上聚满了一个个小小的气泡(这些气泡里都充满了氧气)。这些气泡升到了瓶内水的表面。

原因解答

跟地面上的植物一样,水生植物的叶子在有太阳光的条件下也释放出氧气。氧气是无形的,但是我们可以看到叶子在水下释放出它们。

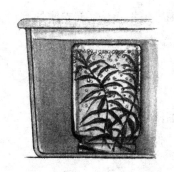

二氧化碳灭火器

材料准备

1个碟子，1个玻璃杯，1根火柴，1支蜡烛，1个茶匙，一些醋，碳酸氢钠，1根纸管，一些雕塑黏土。

实验步骤

1. 用一块黏土把蜡烛固定在碟子内，然后请一位成年人帮你点燃蜡烛。

2. 用手拿着玻璃杯，把醋倒进杯里，然后再加一茶匙碳酸氢钠。

3. 当杯子里开始形成气泡的时候，一只手在距离蜡烛火焰稍远的地方拿着纸管（小心不要距离火焰太近）。将杯子慢慢地靠近纸管——就好像你从杯子里向纸管里倒入空气。

产生现象

蜡烛的火焰熄灭了。

原因解答

你在玻璃杯里看到的碳酸氢钠和醋混合后所形成的气泡就是二氧化碳。二氧化碳比空气重，所以它沿着纸管向下流动，来到火焰上，把氧气赶走，从而中断燃烧。用来灭火（如因家用电器故障而引起的火）的灭火器就含有二氧化碳。

"看见"声音

材料准备

1 张塑料薄膜（可以从货物包上剪下来），1 根橡皮筋，1 个塑料碗，1 个金属锅，1 个木制搅拌勺，粗糙的盐粒或米粒。

实验步骤

1. 把塑料薄膜蒙住碗口，用橡皮筋把它扎紧，使薄膜完全绷平。

2. 把盐粒或者米粒放在塑料薄膜上。

3. 把金属锅拿到碗旁边（不要接触到），然后用木勺敲几下。

产生现象

盐粒或米粒到处乱蹦。

原因解答

当金属锅被敲打的时候，它发出一种不断振动的声音，使它周围的空气也发生振动，并产生了声波。当这些声波接触到碗的时候，碗也发生振动，使得那些盐粒和米粒到处乱蹦。

观察振动

材料准备

1 个扫帚把，6 个乒乓球，6 根各长 50 厘米的绳子，2 把椅子，1 卷胶带。

实验步骤

1. 把两张椅子背对背放置，然后把扫帚把横放在两把椅子的椅背上。

2. 用胶带在每根绳子一端粘上一个乒乓球，然后把绳子的另一端粘在扫帚把上，使相邻的乒乓球互相挨着。

3. 把第一个乒乓球向后拉，使绳子伸直，然后放手，使它碰到下一个乒乓球。

产生现象

所有的乒乓球都动起来了，最后一个乒乓球弹出去的距离跟第一个乒乓球撞到第二个球的距离一样远。

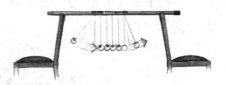

原因解答

第一个乒乓球把运动传递到第二个乒乓球，第二个乒乓球又把运动传递到第三个乒乓球，以此类推。空气分子被声音振动撞击后也会产生同样的现象，物体的振动可以被传递到它周围的空气中去。由于声波可以弯曲，因此这些振动可以从一层空气中传递到另一层空气中。

被放大的声音

材料准备

1 只机械手表，1 张桌子。

实验步骤

1. 把手表靠近你的耳朵，倾听表齿轮的走动声。慢慢地把手表拿开，远离你的耳朵，直到听不到表齿轮的走动声。

2. 把手表放在桌子上，然后将耳朵贴在桌子上，耳朵与手表间的距离与上一步中相同。

产生现象

你的耳朵可以更清晰地听到表齿轮的走动声。

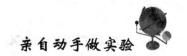

原因解答

　　在固体中，声音可以比在液体中更好地传播。声音也可以容易地通过砖和玻璃传播，这就是为什么声音能够通过墙和窗户被听到的原因。

橡皮筋制造的声音

材料准备

1 个铝制的盒子，3 根宽度不同的橡皮筋，2 支笔。

实验步骤

1. 把橡皮筋套在盒子的长边上，每根橡皮筋之间相距 1 厘米，然后拨动橡皮筋制造一些声音。

2. 把两支笔插在橡皮筋下面，盒子每端各一支，然后再拨动橡皮筋。

产生现象

当你第一次拨动橡皮筋的时候，发出的声音听起来比较单调，而且不很清晰。而当你第二次拨动橡皮筋的时候，声音听起来清脆多了。

原因解答

第一次拨动橡皮筋的时候，橡皮筋的振动被橡皮筋和盒子的摩擦阻碍了。而第二次拨动橡皮筋的时候，笔的作用就像吉他的琴马，使橡皮筋保持悬空，这样橡皮筋振动起来受到的摩擦阻碍就更小。橡皮筋通过与盒子里的空气共振来产生振动，发出更清晰、更深沉的声音。共振的作用也被广泛运用于小提琴、曼陀林以及钢琴等乐器中。在这些乐器里，都拥有一个空间，用来与振动的声音发生共振。

水往高处流

材料准备

1 根约 20 厘米长带叶子的芹菜，1 个玻璃瓶，水，蓝墨水或红墨水。

实验步骤

1. 把水倒入玻璃瓶内，滴入几滴墨水给水上色。
2. 把芹菜放入染上色的水中。然后将玻璃瓶置于温暖的地方。

产生现象

几小时后，芹菜梗及叶子呈现出墨水的颜色。

原因解答

如果你切开芹菜梗，你就会发现它是由很多"小管子"组成的。水通过这些小管子流到芹菜叶子上，就像被吸上去一样。这种现象就叫做毛细作用。植物就是利用这一作用用其根系从土壤中吸取水分，然后将其一直运送到叶片上。用类似的方法，你也能将白色的花朵染上颜色。

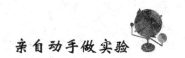

水中绽放的纸花

材料准备

1 张白纸，水彩笔，剪刀，装上水的水盆。

实验步骤

1. 先用水彩笔在纸上勾勒出下图的图形，描出上面的线，然后把它剪下。

2. 将花瓣沿虚线折好。
3. 把弄好的纸花小心地放在水上。

产生现象

慢慢地，花开了。

原因解答

水通过毛细作用渗入纸内部的纤维中，这使纸内部纤维膨胀。折线部分渐渐张开，纸花就绽放了。

水的重量

材料准备

2 个塑料瓶，1 个钉子，胶带，水。

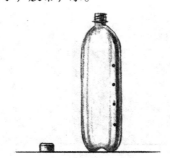

实验步骤

1. 如图所示，用钉子在一个瓶子上竖着钻一排小孔，在另一个瓶子上横着钻一圈小孔（在成年人的监护下进行）。

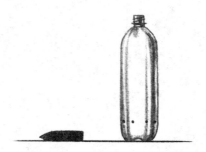

2. 用胶带封住两个瓶上的孔。

3. 给两个瓶子装上水，撕下瓶上的胶带。

产生现象

　　水从横着打有一圈孔的瓶子中向四周喷出，而且喷出的距离相同。但从竖着打有一排孔的瓶子中，水喷出的距离不同，离瓶底越近的孔里喷出的水越远。

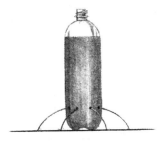

原因解答

　　装在瓶里的水对瓶内壁产生很大的压力，所以当它从孔中喷出时，力量很大。这种力量因为靠近底部的水的重量增大而加大，喷出的水就更远。

简易喷泉

材料准备

1个橡胶管，胶带，眼药水瓶滴嘴，漏斗，水。

实验步骤

1. 用胶带将漏斗缠在橡胶管一头，将眼药水瓶滴嘴缠在另一头。

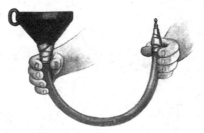

2. 用手指捏住滴嘴，同时将水从漏斗中灌入橡胶管中（在水池上进行）。
3. 放低有眼药水瓶滴嘴的一端橡胶管，松开手。

产生现象

　　水从眼药水瓶滴嘴喷出。漏斗那端抬得越高，眼药水瓶滴嘴喷出的水越高。

原因解答

　　漏斗处的水受到的大气压力大于橡胶管中水的重量，这使橡胶管中的水从眼药水瓶滴嘴喷出。漏斗抬得越高，水也喷得越高，这是因为管内水的落差变大。同理，把一个物体抬得离地面越高，它的势能就越大。

水和热量

材料准备

1个透明的容器，1个有盖子的小瓶，彩色墨水，水。

实验步骤

1. 往容器内加水。

2. 在小瓶中滴入几滴墨水，然后再倒入热水（在成年人的帮助下），盖上瓶盖。

3. 把小瓶放入冷水中，置于容器底部。去掉瓶盖。

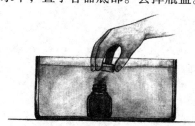

产生现象

染了墨水的水跑到容器中水的上部，在水面上散开。过一会儿后，这些有颜色的水开始下沉，并同其余的水融合。

原因解答

和其他物体一样，水是由微小的可移动的粒子构成，它们就是水分子。热量会加速水分子的运动，使它们相互分散开。随着水分子的分散，它们不再像以前那样密集地排列在一起，水因此也变得更轻。这就是染了色的热水漂在冷水上的原因。随着热量的传播，冷水和热水的温度开始接近，染了色的热水逐渐下沉，并开始同冷水混合。

水上漂浮

材料准备

镊子，针，杯子，水。

实验步骤

1. 往杯中加满水。
2. 用镊子夹住针，将针轻轻地放在水面上。

产生现象

针漂浮在水面上（针也可能沉入杯底，多试几次，你必须将针轻轻地水平放下）。

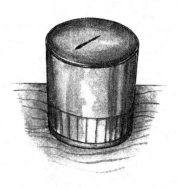

原因解答

水面的水分子会形成一种膜，能够支撑住较轻的物体。这种使水分子联结在一起的力量叫水的表面张力。当你倒了满满一杯水，仔细观察水面，你会发现，沿着杯口，水面向上微微鼓了起来，构成一个曲面，这正是水的表面张力的作用。它紧紧拉拽着水面，就如同一个袋子般装着水。如果水很少的话，水的表面张力就使水形成圆圆的水滴。

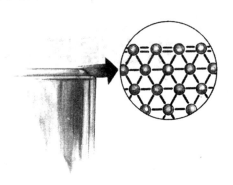

隔 水 膜

材料准备

手绢，皮筋，杯子，水。

实验步骤

1. 把手绢浸入水中，然后拧干。
2. 往杯中倒满水。
3. 把手绢充分展开罩在杯口上，用皮筋紧紧地扎住。
4. 把杯子快速翻转过来。

产生现象

杯中的水被手绢挡住，就好像手绢不透水似的。

原因解答

手绢被弄湿后，纤维间都充满了水。水的表面张力使湿手绢变成一层不透水的隔膜。类似的例子还有：湿头发会粘在一起；湿沙子可用来雕塑却不会坍塌。这都是因为纤维或颗粒间的空隙被水填满，并相互联结在一起。

水中的小孔

材料准备

滑石粉，水，肥皂水，1个水池或水盆。

实验步骤

1. 在水池或水盆中灌入水。

2. 把滑石粉撒在水面上。
3. 将手指插入水中，就像在水面上打孔一样。

产生现象

滑石粉会体现水的表面张力。因此，当你将手指插入水中时，水的表面张力会使"小孔闭合"。

原因解答

水的表面张力很强，当你将手指插入时，水面只是暂时被穿破。

4. 将指尖沾上肥皂水（注意别让肥皂水滴入盆里的水中），将沾上肥皂水的手指靠近水池或水盆边缘插入水中。

5. 用沾了肥皂水的指头在撒了滑石粉的水面钻孔。

产生现象

你第一次将沾了肥皂水的指头伸入有滑石粉的水中时，水面的滑石粉会散开。但从第二次开始，手指就能在水面留下小洞。

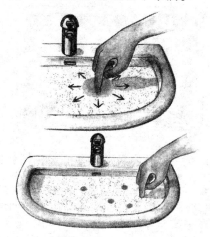

原因解答

肥皂水会降低你手指钻入处水的表面张力，而水面其他地方张力仍会很强，紧紧地吸住滑石粉。水面上产生的小孔不会合上，因为小孔处的肥皂水使水分子不能结合，水面也无法恢复到以前的状态。如果你想重复实验，你需要把水换掉。

肥 皂 船

材料准备

1个水盆或水池，1张卡片，剪刀，肥皂水，水。

实验步骤

1. 往水盆或水池中加水。

2. 用剪刀将卡片剪成三角形。当水面平静后，把剪好的三角形放在池角或盆边，朝向水面中心。

3. 将指尖沾上肥皂水，把指头轻轻放入三角形后面的水中。

产生现象

三角形向对面漂了过去。

原因解答

开始三角形不动，因为它四面都受到水分子的吸引。肥皂水降低了三角形后面的水的表面张力，三角形前面的水的表面张力仍然很强，因此就能将三角形拽向前方。（若想重复实验，先换掉盆中的水）。

同心半球

材料准备

肥皂水（最好在冰箱中放 1 小时），吸管，1 个光滑的面板（如玻璃板、塑料或钢板）。

实验步骤

1. 首先，擦湿面板。

2. 然后，用吸管沾上肥皂水，吹一个泡泡，并将它慢慢放在面板上，肥皂泡会变成一个半球形。

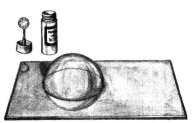

3. 将吸管沾上肥皂水（外部吸管的表面也要沾上肥皂水）小心地将吸管插进第一个肥皂泡，慢慢地在里面再吹一个泡泡。

4. 用同样的方法吹第三个泡泡（注意：别让泡泡相互重叠粘住）。

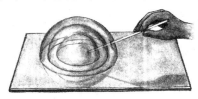

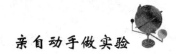

产生现象

每个新泡泡都出现在上一个的中心，并使之前的泡泡变得更大。

原因解答

泡泡中有空气。新泡泡挤开上个泡泡内的一些空气，由于肥皂泡的表面伸缩，所以上一个泡泡会变得更大。多做几次这种实验，你就发现你能吹出各种各样的泡泡。试着将一个泡泡放在另一个的表面，看看会有什么变化。

蹦蹦跳跳的泡泡

材料准备

1 件毛衣或羊毛围巾，肥皂水（最好能在冰箱里冰镇一下），1 个吸管，乒乓球拍（托盘或硬皮书也行）。

实验步骤

1. 把毛织品缠在拍子上。
2. 吹一个肥皂泡，让它落到拍子上。
3. 轻轻移动球拍，使肥皂泡弹起来。

产生现象

肥皂泡安然无恙地的落在拍子上，并弹了起来。

原因解答

泡泡的表面由水和肥皂构成，十分有弹性，并可屈伸，落在毛织物上能悬在它表面而不会破裂。如果你想在冷天做这个实验，把上面用到的东西拿到户外，这时泡泡会被微微冻住，看上去像一个水晶球。

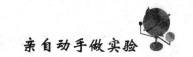

弹簧秤揭示了什么

弹簧秤，1个苹果，细线，1个很深的盆子，水，纸和笔。

实验步骤

1. 将细线一头系上苹果，另一头系上弹簧秤，然后记下现在苹果的重量。

2. 倒一盆水。

3. 把苹果放入水中，然后看看这时苹果的重量是多少，记下来。

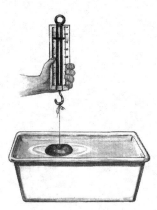

产生现象

苹果在水中称起来更轻。

原因解答

　　苹果在水中时，它排开了与苹果同样体积的水。被排开的水想要回到原先的位置，就挤压苹果，把它向上面推，苹果受到的推力同它排开水的重量相等，这被称作排水量。所以，如果 500 克重的物体排开 200 克的水，它得到的一个向上的推力就是 200 克。因此，在水中称重的该物体只有 300 克。

形状决定沉浮

材料准备

橡皮泥，汤锅盖，水盆，水。

实验步骤

1. 在盆中装上水。
2. 把橡皮泥捏扁，置于水上。
3. 把扁平的橡皮泥捏成圆球，放在水中。

产生现象

捏成扁平形的橡皮泥浮在水面，球形的却沉入水底。

4. 把汤锅盖放入水中，先平放，再竖着放。

产生现象

平放时，汤锅盖浮在水面；竖放时，汤锅盖沉入水中。

原因解答

物体排开的水越多，它受到的向上推力就越大。扁平形的橡皮泥和平放的汤锅盖在水里的表面积很大，排开的水也多，因此它们得到的向上推力足以让它们浮起来。球形橡皮泥和竖放的汤锅盖接触水面的面积小，排水量小，因此受到的水的推力不够大，不能浮起来。这个实验表明：物体形状也能决定物体的沉浮。

浮力的限制

材料准备

橡皮泥；体积小的物体，如：回形针、小石头、筛子等；水盆；水。

实验步骤

1. 把橡皮泥捏成图中小盒子的形状。

2. 在盆中倒入水，将捏好的小盒子放在水上。在小盒子上标出水的位置。

3. 给小盒子上放东西，看看刚才画的线是否低于水面。

产生现象

小盒子装的物品越多，就沉得越深。

原因解答

橡皮泥小盒子中间是凹下去的，并含有空气。当它承载其他物体时，它的形状不变，但是重量增大，自身密度（单位体

积内包含的重量）也增大。小盒子所排开的水重量不变时，只要排开的水重量比小盒子的重量大，尽管吃水会更深，小盒子还能浮在水面；当被排开的水的重量比小盒子的重量小时，小盒子就会沉到水里。这个实验表明：放入水中物体的密度也决定着它是否下沉。

蹦蹦跳跳的卫生球

材料准备

卫生球（樟脑球），醋，碳酸氢钠，水，小玻璃罐，小勺。

实验步骤

1. 往小罐中加水，加入 2 勺醋，2 勺碳酸氢钠，然后搅拌均匀。

2. 把卫生球放入水中（卫生球如果太光滑，先把表面弄粗糙）。

产生现象

开始时，卫生球会沉到水底。一会儿，卫生球表面会粘上气泡，会反复地上升和下沉好几次。

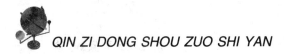

原因解答

　　醋和碳酸氢钠混合后会产生二氧化碳气体，使水中出现许多小气泡。二氧化碳气体比水轻，会浮向水面。当二氧化碳气泡遇到卫生球时，会粘在上面并把卫生球带到水面。到水面后，二氧化碳气泡爆裂并跑到空气中，这使卫生球再次变重，下沉到水底。随后，附着新产生的气泡后，这些小球又会漂起来。

密度测试

1 个透明容器，蜂蜜，菜油或花生油，水。

实验步骤

1. 把蜂蜜和油倒入瓶中。
2. 倒入水。

产生现象

这些液体并没有溶合，却分成明显的几层：油在最上层；水在中间；蜂蜜在最底下。

原因解答

这 3 种液体密度不同。油密度最小，浮在水上；蜂蜜密度最大，沉在底部。

盐水的密度与浮力

材料准备

食盐，1 杯水，1 个鸡蛋，勺子，茶匙，水。

实验步骤

1. 在杯中倒半杯水，用勺子将鸡蛋轻轻放入水中。

产生现象

鸡蛋沉入水底。

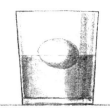

2. 把鸡蛋捞出来。往水里加 10 茶匙盐，搅拌，这样盐水就调好了。

3. 把鸡蛋放入盐水中。

鸡蛋浮在水面上。

4. 把鸡蛋再捞出来，慢慢地向杯中加入清水，一直到加满。

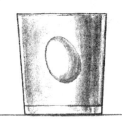

5. 再把鸡蛋放进去。

鸡蛋悬浮在杯子中部。

原因解答

鸡蛋比水的密度大，所以下沉。盐水的密度比清水大，使鸡蛋能够浮起来。在实验的最后一步，清水浮在盐水上面，鸡蛋悬浮在杯子中部。这是因为鸡蛋密度小于盐水，但大于清水。

消失的水

材料准备

2个相同的杯子，1个碟子，1根水彩笔，水。

实验步骤

1. 在两个杯子中倒入等量的水。用水彩笔标出水面的位置。

2. 将碟子盖在一个杯子上。
3. 把两杯水放在阳光下或暖气旁。

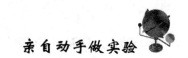
产生现象

一天后，没盖碟子的杯中的水位变低，盖有碟子的杯中水位没变。

原因解答

受热后，没盖碟子的杯中的水有一部分蒸发掉了，变成细小的、肉眼看不到的水蒸气，被空气吸收飘走。晾晒的衣物就是由于这个原因而变干的。除了热量外，流动的空气（风、我们吹出的气）也能使水蒸发，它能使水汽脱离衣物，然后被周围的空气吸收。

变回液态

材料准备

炖锅，不锈钢锅盖，火炉，水。

实验步骤

1. 把炖锅加上部分水，然后请大人把炖锅放在火炉上加热。

2. 当水沸腾时，把锅盖放在水中冒出的蒸气上（锅盖要拿在较高处，以免烫伤）。

产生现象

锅盖下出现很多小水滴。

原因解答

水沸腾后，水蒸气上升，与冷锅盖接触。这时，水蒸气释放出热量，从而回到液态。这种现象叫做液化。

无源之水

材料准备

1 个玻璃杯，冰箱。

实验步骤

1. 保证玻璃杯完全干燥，然后将杯子放进冰箱。
2. 30 分钟后取出杯子。

产生现象

杯子上立刻出现了雾气，玻璃杯壁上很快形成了小水珠。如果你用手摸杯子，能够感觉到很潮湿。

原因解答

在冰箱里，杯壁非常冷。当杯子拿到空气中时，杯壁周围的空气被冷却，空气中的水蒸气变成小水珠，并在杯壁上形成雾气。冬天我们往车窗上呼气会形成雾气，那是因为我们呼出的气体中含有大量的水蒸气，它一接触到身体外的冷空气就会凝结成小水滴。

固 体 水

材料准备

1 个带盖的玻璃杯或者塑料杯，水，冰箱。

实验步骤

1. 首先，把杯子装满水。

2. 然后盖上盖子，但是不要拧紧。

3. 将杯子放进冰箱，等到水结成冰时取出。

产生现象

水变成了固体，升到瓶口外，将瓶盖顶了起来。

原因解答

当水变成冰时，体积变得比液态时大，瓶子装不下了。如果我们往冰箱里放一个盖紧的装满水的瓶子，冰的压力有可能会把它挤碎。饮用水和暖气系统的水管道在冬天一定要做好防寒措施，否则管道中的水结冰后会使管道破裂。

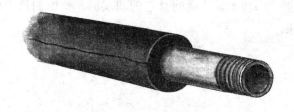

冰在水中融化

材料准备

1 个玻璃杯，热水，冰块。

实验步骤

1. 往杯中加热水，直到加到快到杯口的位置。

2. 往杯中加一两块冰块。问问身边的朋友们，看他们是否认为当冰块融化时水会溢出来。

产生现象

水面没有发生任何变化。

原因解答

液体水比其固体状态所占空间少。所以，当冰块融化时，水没有溢出来。

溶解还是不溶解

材料准备

7个小杯子（透明的）；水；茶匙；少量的盐、沙、糖、冰、蜂蜜、米、咖啡豆和速溶咖啡。

实验步骤

1. 往杯子里加满水。
2. 每个杯子里放1茶匙准备的物质，然后小心搅拌。

产生现象

一些物质（糖、盐、蜂蜜和速溶咖啡）能够溶于水，并使水着色；其他物质（沙、米和咖啡豆）则不能溶解，在搅拌过程中它们悬浮在水中，搅拌停止后沉到杯底。

原因解答

　　对于能够溶于水的物质（好像消失在水中一样），水分子能够渗入这种物质的分子之间，并把它们分开，这时我们就得到一种水溶液——可溶物质不会在水（溶剂）底形成一层沉淀。但是如果水分子不能够渗入某种物质的分子之间时，这种物质就不会溶解，并且在水中清晰可见。

饱　和

材料准备

2 杯水，1 个茶匙，蔗糖，热水和冷水。

实验步骤

1. 往一个杯子中倒半杯冷水。

2. 往杯中放糖，直到糖不能消失在水中并沉入水底时停止加糖。数一数总共放进几茶匙糖。

3. 往第二个杯子里倒半杯热水。

4. 重复第二步。

产生现象

与冷水相比，热水能够溶解更多的糖。

原因解答

当水不能溶解更多的糖时，我们称为溶液饱和。由于热量的原因，水分子能够吸收更多的糖分子，我们把通过这种方式得到的溶液叫做过饱和溶液。当溶液冷却后，我们能够看到热水溶解的多出的糖重新出现在水中。

盐 晶 体

材料准备

盐，2 个杯子，1 段棉线，1 个小盘子，1 个勺子，水。

实验步骤

1. 往两个杯子中倒入冷水。

2. 往杯子中加盐，直到盐不能溶解为止。

3. 把棉线的两端放进两杯水中，将两个杯子连起来，然后将盘子放在杯子间棉线的正下方。

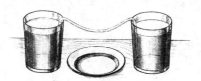

产生现象

大约 1 天以后，棉线和盘子上出现了盐晶体。

原因解答

盐水因为毛细作用沿着棉线上升。棉线内的水分蒸发后剩下盐晶体（一些盐晶体会落在盘子上）——盐分子聚在一起，以特殊的几何体排列。

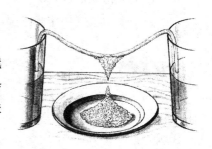

分离溶液

材料准备

一些速溶咖啡，1个炖锅，1个勺子，1个火炉，水，1根火柴。

实验步骤

1. 请大人帮你把水煮沸，然后倒入杯中，并往杯中加一勺咖啡。
2. 取一个勺子（一定要干燥而且冰凉），把勺子举在升腾的热气中。

产生现象

过一会儿，勺子上会形成水滴，等到水滴冷却时尝尝它的味道。这些水滴是淡水，不是咖啡。

原因解答

　　水受热蒸发，但咖啡不会蒸发，水蒸气接触冰凉的勺子时凝结成小水珠。你还可以用清水和盐做这个实验，但是凝结而成的水总是淡水。

沿直线传播

2 张正方形纸板，1 支手电筒，2 张长方形纸板，几本书。

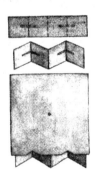

1. 首先，分别在两张正方形纸板的中心钻一个孔。如图中所示，通过折叠长方形纸板和在长方形纸板上剪切口来支撑正方形纸板。

2. 把正方形纸板竖立起来，并使两个小孔对齐。把手电筒放在书上，使手电光对准第一块正方形纸板上的小孔。你可以蹲下或坐下，以使你的视线与第二块纸板的小孔平齐。

产生现象

你可以看到光线穿过了两个小孔。

3. 移动一块纸板，使两块纸板不再对齐。

你看不到光线了。

原因解答

光沿直线传播。如果光找不到传播路径的终点，就无法穿过那个小孔。

照在地球上的光

材料准备

1 个地球仪，1 盏可以移动的灯，1 间黑暗的房间。

实验步骤

1. 把光直接对准地球仪。

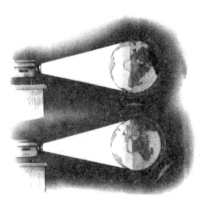

2. 把地球仪向下移，从上到下，然后从一面到另一面，始终使它处于光的照射中。

产生现象

只有朝向光源的那一部分地球仪被照亮了，而且不管你怎么拿，这一部分的反面总是处于黑暗中。

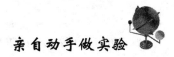

原因解答

　　光线沿直线传播，它们不能绕过一个物体并弯曲，照亮我们看不到的那一面。这就是为什么太阳只能照亮地球朝向它的那一半，而背向太阳的另一半则是黑暗的。

挡住光线

材料准备

1 支手电筒，1 盏台灯，1 张黑色的卡片，1 把剪刀，1 卷胶带，1 个小棍子，1 间黑暗的房间。

实验步骤

1. 把黑色的卡片剪成你喜欢的任意形状，然后用胶带把它粘在小棍子上。

2. 把卡片举着放在手电光和墙壁之间。

3. 首先，把卡片靠近手电光，然后使它向墙壁靠近。

产生现象

卡片离手电筒越近，墙上的影子越大；卡片离手电筒越远，墙上的影子越小。

原因解答

当一个物体阻挡了光线直线传播的路径，就会在那个物体的后面形成一个影子。物体离光源越近，它阻挡的光线就越多，因此它的影子也就越大。相反，如果物体离光源越远，它阻挡的光线就越少，那么它的影子也就越小。

4. 打开台灯，使光线照在卡片上。

产生现象

与开始相比，影子的轮廓变得更加模糊。

原因解答

当光源比物体大的时候，形成的影子中间黑、四周淡，因为只有部分光线能够到达四周。影子里最黑的部分叫做本影，而较淡的部分则叫做半影。

花园日晷

1个直径约为20厘米的圆形纸板，1根长为10～15厘米的小棍，1把剪刀，1支铅笔，1只手表，1条整天都有太阳照射的小路。

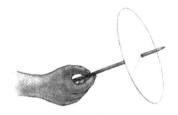

1. 在纸板的中心钻一个小孔，把小棍的1/3穿进小孔。把小棍插在土里，使纸板固定在地面。

2. 随着时间的变化，每隔一段时间都用铅笔在纸板上标记出阳光在纸板上投下的影子，并在每条线旁标明时间。

3. 每隔1小时做一个标记，记得写下每个影子的时间。

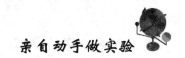

产生现象

每隔 1 小时小棍子投下的影子的位置都不相同；铅笔所画的线从小棍子向纸板的四周发散。

原因解答

小棍子的影子的位置看起来随着太阳的位置的变化而变化。但是事实上，是因为地球在匀速转动——要么是朝向太阳，要么是远离太阳。

在这个实验中，你制作了一个日晷。日晷曾经被当做测量时间的工具。现在，在一些老房子的墙上或者古老的广场和花园的地上，我们仍然可以看到日晷。

穿过或不穿过

材料准备

1 支手电筒，1 本书，1 个不透明杯子，装有一点点水的玻璃杯，1 片薄玻璃片，1 张薄纸，1 张手帕，1 张面巾纸，1 间黑暗的房间。

实验步骤

1. 把所有物品都排放在墙壁前，用手电按顺序照射这些物体。

产生现象

在杯子和书的后面形成了影子，而在玻璃杯和薄玻璃片的后面，墙壁被照亮了。在面巾纸和手帕的后面，则形成了一个模糊的光晕。

原因解答

杯子和书是不透明物（看不透），所以阻挡了光的传播。薄玻璃片和水都是透明物（能够看透）。像薄纸和手帕这一类的东西都是半透明物（可以让一些光线通过），所以它们只是阻挡一部分光线，而没有被阻挡的光线则向外发散，微微地照亮墙壁。

物体的透光性

材料准备

1 张白纸，几滴油，1 个吸管，1 支手电筒，1 间黑暗的房间。

实验步骤

1. 用吸管在纸上滴几滴油。

2. 把纸放在手电筒和墙壁之间。
3. 打开手电筒，照射纸上有油的区域。

产生现象

当你把手电照射在有油的区域时，光
线穿透这个区域，并照射在墙上，该区域
比其他部分更明亮。

原因解答

　　纸阻挡了大部分的手电光。油穿透了纸的纤维，造成了一些透明的（可看透的）小缝隙，让光线能够通过。但是如果用水，情况就不一样了，因为水很难穿透多数纸的纤维。

闪亮的白纸

材料准备

1 张白纸，1 张黑色的纸，1 只手电筒，1 面镜子，1 间黑暗的房间。

实验步骤

1. 在黑暗的房间中，打开手电筒，站在镜子前。

2. 把手电筒举到你的脸部侧面，使手电光线照射在你的鼻子上。

3. 用另一只手举起黑纸在脸的另一侧，然后再举起白纸。在这个过程中要一直看着镜子。

产生现象

如果只用手电筒，手电光只能照亮你的鼻子。而加上黑纸的话，你的脸部反射几乎完全模糊。如果用白纸的话，那么几乎你的整个脸部都被照亮了。

原因解答

只用手电筒的时候，光线只从它所碰到的物体——你的鼻子反射回来。而有了纸的帮助，反射的效果则取决于纸的颜色黑色的纸几乎不反射照在自己上面的光线，而白色的纸则反射大量的光线。因此，照在白纸上的光线被反射回到脸部，把几乎整个脸都照亮了。

从黑暗到光明

材料准备

1间装满各种东西的房间（比如储物间）。

实验步骤

1. 进入这间黑暗的房间，向房间四周看看。

2. 把门打开一点点，稍稍放进来一点灯光，然后向四周看看。接着，慢慢地把门缝开大，直至门完全打开，再看看房间四处。

产生现象

当房门关闭时，你的眼睛看不到房间中的物体。把房门打开一条缝，借助一小束光，你开始能够分辨房间里的物体。渐渐地，随着越来越多的光线进入房间，你最终可以看清房间内所有的东西了。

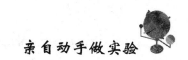

原因解答

物体只有通过光的反射才能够被看见。也就是说，我们只有通过反射到我们眼中的光线才能够看见物体。明亮的物体反射大量的光线，而暗色的物体吸收大量的光线，只反射很少的光线。所以我们需要很多光线才能看清楚暗色的物体。

真实的反射

1 张硬的黑色纸板，1 面正方形或长方形的镜子，1 把剪刀，1 只手电筒，1 间黑暗的房间。

1. 如图所示把纸板折起来，然后在其中的一面上剪 3 条缝。
2. 在黑暗的房间内，打开手电筒，把它放在 3 条缝的后面。

3. 如图所示，把镜子放在纸板的另一端。

当光线照射在镜子上时，每一道光线都以特定的角度反射回纸板。

镜子以跟光照射镜子的相同方式和相同角度（入射角）把光反射回去了。如果光线垂直照射在反射面的话，就会沿着原来的路径反射回去。如果光照射在一个光滑的面，那么它将以平行的方式反射——也就是说，所有的反射光线都沿相同的方向反射。如果反射面十分粗糙，那么光线的反射就会互相交错。

镜子对镜子

材料准备

2 面平面镜。

实验步骤

1. 看着镜子，挥动手臂。

产生现象

你在镜子中的映像完全相反：如果你挥动的是右手的话，那么镜子里的映像看起来是在挥动左手。

2. 把两块镜子按一定角度放在一起，然后站在两块镜子中间。

3. 挥动手臂。

现在你在镜子中的映像就对了：你挥动右手，那么镜子中的映像也是挥动右手。

原因解答

当从你身体发出的反射光线碰到你面前的镜子后，会直接反射回来，造成了一个相反的图像。但是，当你面对两面镜子时，每一面镜子都反射来自另一面镜子的相反的反射，因此最后的反射图像变正了！

做一个潜望镜

1 张 32 厘米 ×50 厘米的硬纸板；1 把剪刀；1 卷胶带；2 面小手袋镜，6 厘米 ×10 厘米；1 把尺子；1 支铅笔；2 张边长为 6 厘米的正方形纸板。

实验步骤

1. 用尺子把长方形纸板分成四个相等的长方形，宽均为 8 厘米。然后再如图所示，画两个边长为 6 厘米的正方形。最后，把这些图形都剪下来。

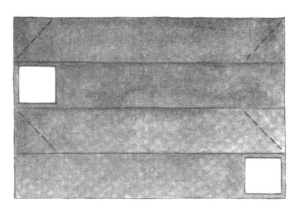

2. 把边长为 6 厘米的正方形沿对角线剪成两个直角三角形。

3. 如图所示，把三角形放在最上面的纸板上，用铅笔沿三角形的对角线画一条线，并沿这条线剪一个切口，然后在其他几张纸板上重复这些步骤。最后，把纸板折叠成形，并把几条边用胶带粘起来。

4. 把两面镜子穿过两个切口。

5. 站到一个障碍物（比如一堵墙，或者一个窗台）后面，让潜望镜高于障碍物，然后从潜望镜下方的正方形开口往里看。

产生现象

在潜望镜里面的镜子里，你可以看到障碍物后面所有物体的反射图像。

原因解答

从障碍物后面的人或者是物体上反射回来的光线反弹到潜望镜顶端的镜子上。由于这面镜子放置的角度关系，使得光线被反射到底端的镜子上。你可以利用你的潜望镜来观看那些看不到的东西——就像潜水艇中的船员一样，他们不用浮上海面就可以观测到海面的情况！

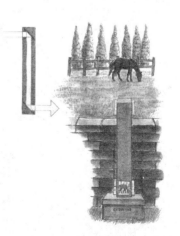

光线 "反弹"

1个四面平滑的透明容器，清水，少量牛奶，1支手电筒，1张黑色纸板，1把剪刀，1卷胶带，1本书，1间黑暗的房间。

1. 将容器装满水，然后加上几滴牛奶（牛奶使光线更容易看清）。

2. 在黑色纸板的中心钻一个小孔，然后用胶带把纸板粘在手电筒的镜片上。

3. 在黑暗的房间里，打开电筒，并如图中所示，使灯光落在水面上（你可能会发现，如果把容器放在一本书上会有些帮助）。

产生现象

当光照射在水面时，会发生弯曲并从容器的另一面射出，这样光线便形成了一个角度。

原因解答

光线沿直线射入容器。水面充当了镜子的作用，反射了光线。反射改变了光线进入容器的直线路径。而光线为了保持沿直线传播，改变了方向。

发光的"喷水机"

1 个透明的软塑料瓶，1 根透明的薄塑料管，1 个碗，一些黏土，1 卷胶带，1 块厚的暗色布料，1 间黑暗的房间，清水，1 把剪刀。

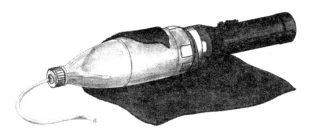

实验步骤

1. 将塑料瓶装满清水。

2. 请一位成年人用剪刀在塑料瓶的瓶盖上钻一个小孔，然后把塑料管穿进去，最后用黏土把塑料管固定住。

3. 用胶带把手电筒粘在塑料瓶的瓶底，打开电筒，然后用厚布把它们整个都裹起来，只把塑料管露在外面。

4. 在黑暗的房间里，小心地放置塑料瓶，使瓶子里的水顺畅地流入碗里。

产生现象

一股发光的水从塑料瓶里喷了出来。

原因解答

光线顺着水穿过了弯曲的塑料管。在塑料管里，光线无法弯曲，但是不断被管壁反射。由于被困在塑料管中，所以光线以之字形的路线向前前进。这种现象叫做"全内反射"。

光线被折断

1个玻璃杯，清水，少量牛奶，1根吸管，1支手电筒，1间黑暗的房间。

1. 把玻璃杯装满清水，然后加少量牛奶，使清水变得浑浊。

2. 在黑暗的房间里，打开手电筒，从玻璃杯上方照向底部，让光线在水面发生弯曲。

手电光进入水中以后改变了方向。

3. 现在，把玻璃杯里的水倒掉，换上清水，然后将吸管放入水中。

吸管看起来好像从入水的地方折断了。

原因解答

　　当光线从空气中进入水中，并且通常是从一种透明的物质进入另一种物质的时候，速度会发生改变，同时造成方向的改变。我们把这种现象叫做"折射"。折射能使物体的位置看起来不在它实际所在的位置上。这就是为什么吸管位于水下的部分看起来好像与水上的部分断开了。

被水放大

1个圆形玻璃广口瓶，1张印有图案的纸，1根吸管，清水。

1. 把广口瓶装满水，将吸管放进去，使它保持直立，然后从水面仔细观察。

吸管位于水下的部分看起来变粗了。

2. 把吸管从水中拿出来，然后把有图案的纸放在广口瓶的后面。从与刚开

始相同的位置进行观察。

纸上的图案看起来好像被放大了。

原因解答

在从水到空气的传播过程中，光线发生了折射（方向改变）。如果分隔物（比如一个广口瓶或者一个玻璃杯）的表面是弯曲的，那么，折射会使物体看起来比原来大。

光线相交

材料准备

1个鞋盒，1个玻璃杯，清水，1支手电筒，1支铅笔，1把直尺。

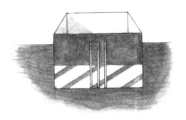

实验步骤

1. 在鞋盒的短边上剪3个宽1厘米的切口。
2. 在玻璃杯里装满清水，放在鞋盒里面，与3个切口对齐。
3. 在黑暗的房间里，打开手电筒，照射在3个切口上。

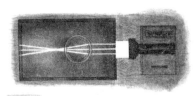

产生现象

在通过玻璃杯里的水之前，3道光线是相互平行的。但是通过玻璃杯以后，3道光线在一个点上相交了（为了达到这个实验结果，你可能需要移动玻璃杯）。在这一点上，光线相交后变得更加明亮了。

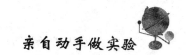

亲自动手做实验

原因解答

玻璃杯弯曲的表面和玻璃杯里的水使，光线发生了折射，让它们彼此相交，然后再分开。

光的聚集和发散

材料准备

上一个实验使用过的鞋盒，1 把剪刀，1 个凸透镜（表面向外凸），1 个凹透镜（表面向内凹），1 张白纸，1 支手电筒，1 间黑暗的房间。

实验步骤

1. 用白纸将鞋盒的底面盖住。

2. 用剪刀在鞋盒的底面剪一个能放下一个凸透镜或凹透镜的切口。

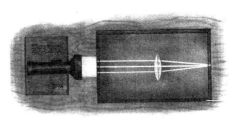

3. 把凸透镜放在切口中。在黑暗中，打开手电筒，从短边上的 3 个切口照进去。

4. 重复第 3 步，这一次使用凹透镜。

产生现象

通过凸透镜的光线改变了方向，并在一个点相交，而通过凹透镜的光线则各自发散开去。

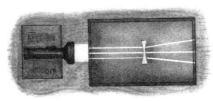

原因解答

两种透镜的不同形状造成了不同的折射角度。凸透镜让光线靠近，根据物体距离透镜的远近，它的这一特性可以被用来放大或缩小物体的图像。而凹透镜则使光线发生分离。如果把凹透镜放在眼睛和物体之间，可以使物体看起来变小。

近在眼前的月亮

材料准备

1 面凹面镜（比如刮脸镜），1 面平面镜，1 个放大镜，1 扇窗户。

这个实验必须要在晚上进行，透过窗户要能看到月亮。

实验步骤

1. 把刮脸镜放置在窗户前，朝向月亮。

2. 站立在窗前，慢慢地把平面镜转向自己，使你看到反射在刮脸镜中的月亮的图像，然后透过放大镜观看平面镜里的月亮。

产生现象

在平面镜里，月亮看起来更近了，而且你可以用放大镜让月亮看起来更大。

原因解答

凹面镜反射并拉近了月亮的图像。由于平面镜的镜面不是弯曲的，因此它真实地反射了月亮的图像，并通过放大镜将它反弹回去，使得图像被放大。放大镜的工作原理也是如此，即利用光的反射性。

制作一架简单的望远镜

材料准备

2 个放大镜，2 根不同直径的纸管，1 卷胶带。

实验步骤

1. 把一个纸管套在另一个纸管中，用胶带在纸管的一端粘一面放大镜。

2. 眼睛靠近粘着放大镜的一端，一只手拿着另一只放大镜放在纸管的另一端，透过纸管观察月亮。通过拉伸和缩短纸管来获得一个清晰的图像。

产生现象

透过粘着的那个放大镜，你能够得到一个拉近了的月亮的图像，但是这个图像是上下颠倒的。

原因解答

　　末端的放大镜使得月亮的光线聚合在一起，并在纸管中产生图像。靠近眼睛的放大镜把这个图像放大，使得月亮看起来被拉近了。折射望远镜的工作原理也是一样的，但是为了得到一个不是上下颠倒的图像，它们的体积更为庞大。

彩色的旋转陀螺

1 张白色的硬卡片，1 支削尖的铅笔，1 个量角器，几支彩色笔，1 个几何圆规，1 把剪刀。

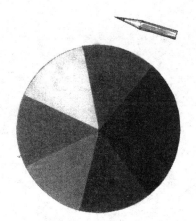

实验步骤

1. 以 5 厘米为半径，用圆规在硬卡片上画一个圆，然后用剪刀把这个圆剪出来。

2. 用量角器把圆平均分为 7 个等份，每个角大约 51 度。

3. 依照下面的顺序在卡片上涂上这些颜色：红色、橙色、黄色、绿色、蓝色、靛青色，以及紫色。

4. 把铅笔从圆的中心点穿过去，笔尖朝下。

5. 像一个陀螺那样旋转这个圆。

产生现象

随着陀螺的旋转，所有的颜色都无法辨别出来，那个圆看起来几乎是白色的。

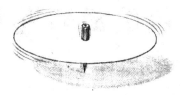

原因解答

随着陀螺的飞速旋转，你涂在卡片上的 7 种颜色都变得混合在一起，产生了一种白色的颜色。

彩虹的颜色

1 把手电筒，1 个长方形的浅容器，1 面平的镜子，1 张白色的硬卡片，清水。

实验步骤

1. 把容器装满清水。
2. 把镜子放在水里，然后把它倾斜一个角度，轻轻地靠在容器的短边上。
3. 打开手电筒，照射镜子的水下部分。
4. 把白色的卡片放在镜子前面，以捕捉镜子反射的光。

产生现象

白色的卡片所捕捉到的反射光具有彩虹的颜色。

原因解答

镜子在水里的反射光从水里出来的时候经过了折射。但是合成白色光线的颜色并没有在同一个角度发生折射，所以它们在不同的点上分开了，并且可以被人眼看见。

颜色混合

材料准备

2 支手电筒；2 张透明的塑料薄膜（1 张红色，1 张绿色）；2 根橡皮筋；1 张白色硬卡片；绿色、红色、黄色和蓝色颜料；1 把油漆刷；1 个碟子。

实验步骤

1. 用橡皮筋把两张塑料薄膜分别绑在电筒上。

2. 打开电筒，照射白色卡片，使两道光束的一部分重叠。

产生现象

两道光束重叠的部分看起来呈黄色。

3. 用油漆刷把相同量的红色和绿色颜料放在碟子里混合。

4. 把油漆刷洗干净，然后把相同量的黄色和蓝色颜料放在碟子里混合。

红颜料和绿颜料混合后，产生了一种像栗色的颜色，而黄色和蓝色颜料混合后则产生了绿色。

原因解答

　　太阳光的三原色——绿色、红色和蓝色，如果两两混合，就可以制造出其他所有的颜色（合成色）。三原色的色素（用于涂料、清漆、墨水等等）为洋红色、青色（蓝绿色）以及柠檬黄色。将光的三原色聚在一起，我们能够得到白光；而所有的这些颜色，加上三原色色素混合，我们就能够得到一种非常暗的颜色，几乎就是黑色。

墨水里的颜色

材料准备

1 瓶有颜色的墨水，或者是几支不同颜色的签字笔（包括黑色）；1 个大平底碟子；清水；长 20 厘米、宽 2 ~ 3 厘米的白色卫生纸条。

实验步骤

1. 在每张纸条上距离末端大约 2 厘米的地方滴 1 至 2 滴墨水，或者用签字笔在纸上弄一个墨水点。

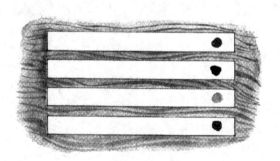

2. 在碟子里倒少量清水，把纸条（一次一张）的末端浸入水中，直到水浸湿墨水点为止。

产生现象

清水变脏了，而那些墨水点，包括那个黑墨水点，分成了各种不同的颜色。

原因解答

　　水溶解（也就是分解）了色素。颜色不同，其色素在水中穿行的速度也不同。也就是说，颜色分解后，各种颜色开始反射各自的颜色。这个实验能够让你了解构成墨水和签字笔墨水的最主要的颜色是什么？哪些是只由一种颜色构成的？

红色滤光器

材料准备

1 张白纸，几支彩色笔，1 张透明的红色塑料纸。

实验步骤

1. 用彩色笔在纸上画几个不同颜色的点。
2. 透过红色的塑料纸看这些在一块的点。

产生现象

整张纸看起来好像都是红色的，你只能看到那些最亮的点。

原因解答

红色塑料纸充当了一个滤光器，它只让红色的光线通过，而吸收其他所有的颜色。同样的道理，在聚光灯或者电筒前放一个有颜色的滤光器，它会吸收白光中所有的颜色——除了它自己的那种颜色。所以，被允许通过的光的颜色与它的颜色一致。

虚拟日出实验

材料准备

1 个透明大玻璃瓶，清水，牛奶，1 把手电筒。

实验步骤

1. 把瓶子装满水，然后再滴入几滴牛奶。

2. 如图：打开手电筒，将光线照进瓶中的水里。

产生现象

水看起来是蓝色的。

3. 把手电筒放在瓶外，由外向内照射，从另一边透过水观察手电筒的光线。

水蒙上了一层粉红的颜色，而被手电筒光照射的那部分水看起来则是黄橙色的。

原因解答

改变光束的位置以后，被牛奶加深了颜色的水形成了对光线颜色的折射。同样的道理，大气层也根据太阳相对于地球的位置来折射太阳的光线。

光 和 热

材料准备

1块厚铝箔片，1支全黑色的记号笔，1把剪刀，1把直尺，1支铅笔，1卷胶带，1根绳子，1个透明的大玻璃瓶，1张比玻璃瓶口大的厚卡片。

实验步骤

1. 剪两片10厘米×2.5厘米的铝箔。

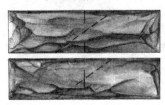

2. 用剪刀在两片铝箔上剪4个切口（如图中黑线所示）。

3. 用记号笔把每片铝箔的一面涂黑，然后如图中所示将铝箔折起来，使黑色的一面朝里。

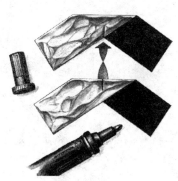

4. 把其中一块铝箔卡在另一块铝箔的下面并用胶带把它们粘起来。如图中所示，将绳子穿过卡片。

5. 把铝箔放在玻璃瓶里，用卡片盖住瓶口，然后把它们放在阳光下。

产生现象

当玻璃瓶变暖时，两片小"帆"开始慢慢转动起来。

原因解答

"帆"的黑色的一面能够比银色的一面吸收更多的阳光，所以黑色的一面变得更热。当周围的空气被加热以后，受热的空气向外扩散，推动两片"帆"，使它们转动起来。

热量储存实验

材料准备

2 个玻璃容器，清水，1 块黑色的布，1 个温度计。

实验步骤

1. 把两个玻璃容器都装满水。

2. 用黑色的布把其中一个容器盖住。

3. 把两个容器放在阳光下，每半个小时测量一下水温。

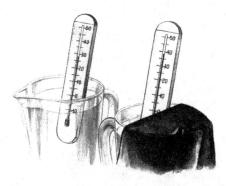

产生现象

被黑布盖住的容器里的水温升高得更快。

原因解答

黑布几乎完全吸收阳光，而水面却反射阳光。被黑布吸收的阳光被转化为热量，热量把它周围的空气和它下面的水都加热了，因此，杯里的水比在空气中要热得多。这就是为什么在阳光灿烂的时候，如果我们穿黑色的衣服会觉得比穿浅色的衣服或白色的衣服更热的原因。

眼睛是如何工作的？

材料准备

透明的玻璃缸（比如金鱼缸），1 盏台灯，1 张两面都为黑色的卡片，1 张白色的卡片，1 把剪刀，清水，1 间黑暗的房间。

实验步骤

1. 把玻璃缸装满水。

2. 用剪刀在黑卡片的中心剪一个小孔，并把它靠在玻璃缸上。

3. 把白色卡片放在对面，让它面对玻璃缸。

4. 把房间变暗，然后打开台灯。把台灯放在黑色卡片的前面，使灯光与小孔一样高。

产生现象

在白色卡片上出现了一个台灯的图像，但是这个图像是倒立的。

原因解答

台灯的光穿过黑色卡片的小孔，被玻璃缸里的水折射，水充当了透镜的作用。当被折射的光照射在白色卡片上的时候，产生了一个台灯的图像，但是是一个倒立的图像。

盒子里的图像

材料准备

1个没有盖的四方形盒子，1根纸板做的管子，1块放大镜，1张描图纸，1把剪刀，1卷胶带，黑色颜料，1把油漆刷。

实验步骤

1. 把盒子涂成黑色，并把它晾干。

2. 在盒子底部用铅笔绕纸管画一个圆圈，然后用剪刀沿着画线在盒子上剪一个洞，然后把纸管从洞中插入盒子里。

3. 用胶带把描图纸粘在盒口当作盒盖。

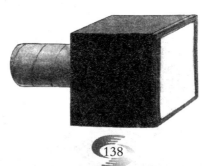

4. 用胶带把放大镜粘在纸管口上。

5. 把这个装置对准一件被光线充分照射的物体，将有放大镜的纸管那一端对准物体，有描图纸的那一端对准你自己。

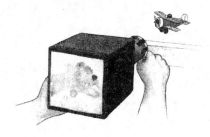

在描图纸上，你可以看到那个物体的图像，但是那个图像很小，而且是倒立的（通过移动纸管，你可以更加清楚地看到图像）。

原因解答

　　放大镜是凸透镜，能够使光线在盒子里聚合，光线互相交叉，并在描图纸上形成一个倒立的图像。早在数千年以前，在发现人的眼睛本身并不发光这小事实之前，人们就已经发明了这种类似的盒子了。在那种盒子中，被物体反射的光线仅仅是通过一个小孔，而没有通过透镜。那时，人们对在纸上形成的图像充满了好奇。

下·落实验

材料准备

2 张同样大小的纸，一些扑克牌，1 把椅子。

实验步骤

1. 把其中一张纸搓成球。

2. 站在椅子上，在同一高度使纸团和纸张同时自由下落。

产生现象

纸团更快到达地面并直线落地，而摊开的纸张则慢慢地、路线曲折地飘落。

3. 在同一高度使两张扑克牌以不同的状态同时自由下落（如右图所示）。

牌面平行于地面的要比牌面垂直于地面的下降得慢。

原因解答

如果没有空气，所有的物体都会在地心引力的作用下以相同的速度直线落地。然而空气阻碍了它们的下落：物体的表面越大，受到的空气阻力就越大，下降得也就越慢，下降路线越不呈直线。

弹 簧 秤

材料准备

1块薄木板（规格：30厘米×40厘米），1段细绳子，1张白纸，胶水，1个酸奶杯子，1根钉子，1根橡皮筋，1支记号笔，1把剪刀，一些小物件。

实验步骤

1. 在大人的帮助下把钉子钉在木板上方，把木板挂在或靠在墙上，并使其保持垂直状态。

2. 把橡皮筋挂在钉子上。

3. 用剪刀在酸奶杯杯口处剪3个小洞，并在每个孔中穿入长约10厘米的细绳，把绳子的末端如上图所示打上结。

4. 把白纸贴在木板上，并使其位于橡皮筋后面，用记号笔在白纸上标出橡皮筋位置。

5. 把小物件依次装进酸奶杯时，用记号笔逐次标出橡皮筋静止时的位置。

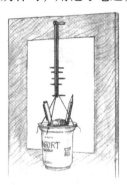

产生现象

随着杯子渐渐被装满，橡皮筋逐渐向下拉伸。

原因解答

你制作的实际上是一个弹簧秤。橡皮筋在逐渐伸长的过程中，测量出了物体所受到的重力——地球对物体施加的向下的引力。物体的重力根据地球引力的变化而变化：引力越大，物体重力越大，橡皮筋也就越长。

反　弹

1 个小皮球；1 个铺着沙子的平面；其他的平面：大理石的，木质的，铺着毯子的……

实验步骤

1. 测试皮球从同一高度落在不同平面上的效果，观察皮球弹起的次数和反弹的高度。

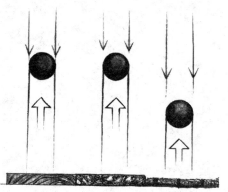

2. 让皮球从不同的高度落在铺着沙子的平面上。

产生现象

皮球在木质的或大理石的表面反弹效果好；在铺着毯子的表面弹起很少；在沙子中静止并形成坑，从越高处落下，皮球形成的坑就越深。

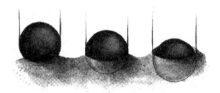

原因解答

　　皮球在下降过程中积累了重力势能，在与平面相碰撞的时刻释放，使小球弹起，但这只会在坚硬的表面上发生。在坚硬的表面上，因为重力势能的作用，皮球会被压扁，所以会反弹，恢复原来的形状。如果表面不是坚硬的，球的重力势能会被表面吸收，用来使自身发生位移：球从越高的地方落下，速度越快，沙子吸收用来位移的能量也就越大。

水 车

材料准备

1个卷筒，1支记号笔，光面的硬纸板，剪刀，胶水，盥洗池。

实验步骤

1. 把硬纸板裁成4个长方形，长方形与卷筒同高，长是宽的2倍，用笔标出长边的中线。

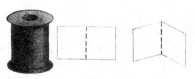

2. 沿标记线折起纸板，把折起来的一面粘在卷筒上，另一面垂直于卷筒表面。

3. 用笔沿轴穿过卷筒，然后拿着这个小水车置于水流下，使叶片垂直于水流。

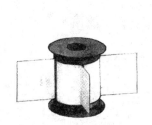 

产生现象

水流使小水车转起来。

原因解答

由于引力的作用，水流的重力势能在碰到叶片的时候发生转化，使粘在卷筒上的叶片运动。水车叶片获得了水的重力势能，因为水车不是坚硬且固定的，因此，重力势能发生位移，使叶片绕着固定的轴（笔）转动。

不受影响的硬币

1 个水杯，1 张扑克牌，1 枚硬币。

实验步骤

1. 把扑克牌放在水杯上，再把硬币放在牌中央。

2. 用指尖干脆地弹出扑克，使其不跃起地水平弹出。

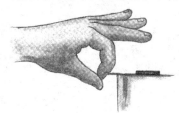

产生现象

扑克飞了出去，硬币却没有跟着扑克一起运动，而是掉进了杯子里。

原因解答

　　硬币比纸牌更重，有着更大的惯性——物体保持其原来静止或运动状态的趋势。你指尖的力量使纸牌克服惯性并且运动，而硬币因惯性较大则保持不动，但因为没有了承托而掉入杯子。

生的还是熟的？

材料准备

1 个盘子，2 个鸡蛋，1 口锅，水。

实验步骤

1. 请大人帮助把一个鸡蛋煮熟（差不多 8 分钟的时间）。等它冷却下来，你可以考验一个朋友，让他从两个中挑出熟的。

2. 让两个鸡蛋在盘子里打转。
3. 用指头按住蛋让它们暂停，再突然松手。

产生现象

一个保持不动，另一个又开始打转。

原因解答

又开始打转的那个是生的。由于惯性作用，尽管蛋皮被停住，生蛋里面的蛋清和蛋黄还在继续转动，所以一松手，生蛋就又被带动转起来。

用滚轴来移动

1 个测力计（弹簧秤），结实的细绳，1 本厚重的书，4 支圆柱状的笔，1 张实验桌。

1. 把书放在桌子上，用弹簧秤钩着它（如上图所示）。

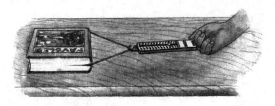

2. 用弹簧秤拉书，直到刚好能使它移动。读出用了多大的力。

3. 在书下面垫上 4 支圆柱状笔重复步骤 2，读出在这种状态下用了多少力。

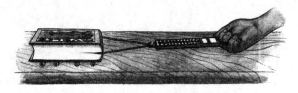

弹簧秤显示：在书垫着笔的情况下，用的力更小。

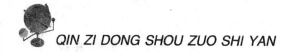

原因解答

当一个平面在另一个平面上滑动时产生了摩擦力——一种阻碍运动的力。第一种情况下，书放在桌子上——一个平的表面上滑动，产生的摩擦力（拖动摩擦和滑动摩擦）最大。第二种情况下，因为圆柱状笔与桌子的接触面可以滚动（滚动摩擦或转动摩擦），使得阻碍滑动的力变小。

省力地移动

1 个圆柱状的桶（例如水果罐头或番茄罐头的罐子），1 张桌子。

1. 把桶正着立在桌子的一端。
2. 用指头给它几次推力，直到把它推到桌子尽头。
3. 再次把桶放到桌子一端，这次让桶的侧面接触桌面。
4. 像步骤 2 一样，也把它推到桌子尽头，比较所施推力的次数。

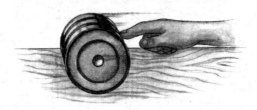

当桶立着放置时，推它的次数要比当它侧着放时的次数多。当它倒下，并用桶侧面在平面上滚动时，每推它一下，都可以移动一大段距离。

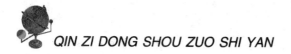

原因解答

桶的底部是平的，在桌上产生滑动摩擦。而桶的侧面是曲面，所以产生的是滚动摩擦，摩擦力显然要小很多。

相对于第一种物体受到推力几乎不怎么动的情况，第二种情况下我们用相同的推力可以使物体移动的距离更长。因此，对于推此类的沉重的桶，我们最好让它滚动。

重力和运动

材料准备

1 辆玩具卡车；1 张桌子；长约 1 米的绳子，不同重量的小物品：弹球、硬币、螺钉、苹果……；1 个塑料杯；1 支笔；剪刀。

实验步骤

1. 在杯口处两个相对的位置上剪两个小孔，并在孔中穿入细绳，打好结（如上图）。

2. 把绳子另一端拴在卡车的前部，然后把卡车放在桌子上，使杯子挂在桌沿边。

3. 标记出卡车的起始位置。

4. 在杯子或卡车里装入准备好的小物品：全部装在卡车里，或全部装在杯子里，或杯子和卡车里各装一部分。验证哪种情况下卡车在桌子表面运动得最快。

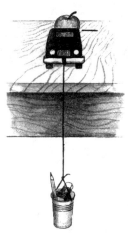

产生现象

卡车的速度随着杯子重量的增加而增加，随卡车承载重量的增加而减小。

原因解答

物体运动的速度随着使物体发生运动的力的增大而增加。地心引力吸引杯子向下运动，同时它还受到卡车的拉力。卡车承载的物体重量增加，所受的摩擦力增加了，抵消了杯子的重力，所以杯子给卡车的拉力减小了，使它速度减慢了。

方向的改变

材料准备

1 辆玩具汽车（铁质），1 块磁铁。

实验步骤

1. 选择一段路径放置好你的车，确保车不会遇到障碍，可以做直线运动。推它一下，一直观察到它停下来。

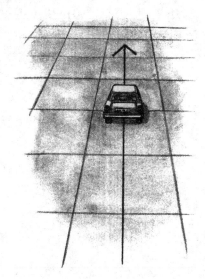

2. 在汽车将要经过的路径旁放置一块磁铁，并确保磁铁在车经过时距车有几厘米的距离。

3. 再次推动车。

产生现象

当车行驶到离磁铁很近的地方时，方向改变了（如果两者之间的引力过大它们会吸在一起——那就把磁铁放得再远些）。

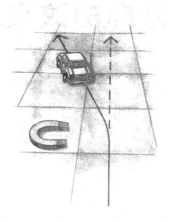

原因解答

磁铁给车施加了一个引力，所以车被迫改变了运动的初始方向。如果没有外力的介入，车会继续直线运动直到摩擦力将初始的推力耗尽，车才会停下来。

能量的转换

有盖子的圆柱形铁罐（例如装粉末状东西的罐子），细绳，1颗大钉子，锤子，2根小棍子，1个铁螺母，1根结实的橡皮筋。

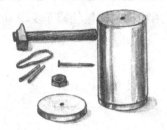

1. 请大人帮忙用锤子在罐子的盖子和底部的中心打两个小洞。

2. 用细绳把螺母和皮筋绑在一起。

3. 用皮筋分别穿过底部和盖子上的小洞，然后用小棍穿过露在外面的皮筋形成的小扣，当罐子盖上以后，悬在罐子中的皮筋应该保持紧绷的状态，螺母自由地挂在皮筋上。

产生现象

罐子向前滚了一小段，越来越慢，随后又滚了回来。

原因解答

螺母较重，它并没有跟着罐子一起滚动，皮筋在滚动过程中由于螺母的运动而拧在一起，同时积蓄了能量。初始的推力被消耗完后，罐子中的皮筋为了恢复原来的状态，使用积蓄的能量使罐子又滚动起来。

会"下·楼"的弹簧

材料准备

1 个弹簧，楼梯。

实验步骤

1. 把弹簧放在最高一级台阶边缘。

2. 让弹簧的上半部分向低一级的台阶弯曲。

产生现象

不需要其他外力的介入，弹簧自己下了几层楼梯。

原因解答

在从第一级台阶下来的时候，弹簧已被拉长并积累了一定的能量，为了恢复原来的状态，弹簧要收缩，而每个环都把下一个环往回拽。因此，它就向下一级楼梯运动，如此反复。

气 箭

材料准备

1个软塑料瓶，2根塑料吸管（1根粗1根细），橡皮泥，薄纸板，胶带，剪刀。

实验步骤

1. 在瓶盖上掏个小洞，插入较细的吸管，用橡皮泥固定并封好（确保空气不能从空隙中跑出来）

2. 把另一根较粗的吸管剪成两段，只用它的一半来做箭——在一端用胶带固定纸板做成的三角形，用橡皮泥捏成一个尖，安在另一端。

3. 把做成的箭套在插在瓶盖上的细管子上，向斜上方用力挤压瓶子。

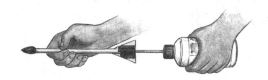

产生现象

箭在掉到地上之前已经飞出去了很远。

原因解答

瓶子里的空气被手压进了吸管中，使箭飞了出去。一旦被射出，箭就不再受空气的推力了，只受到向下的引力作用。

被射出的箭画出一段一开始朝着上方，到达一个顶点后又开始向下的弧线，我们称作轨迹。当推力变得小于重力时，箭就向下运动。

旋转的球

材料准备

1 颗玻璃弹球，1 个杯子。

实验步骤

1. 把弹球放入杯子。

2. 拿着杯子底部让它快速转动。

产生现象

小球转起来并顺着杯壁向上爬。

当物体快速转动时，就会受到一个力的作用，有向外运动的趋势，这个力叫做离心力，它可以克服重力。所以，是离心力使这个小球顺着杯壁转动并爬升。离心力可以抬起公园里旋转木马上的椅子，也可以让洗衣机把衣服中的水甩出去。

3. 继续不停地转杯子。

产生现象

小球从杯口沿直线飞出。

原因解答

要让物体保持旋转的状态就必须不停地给它施加一个方向不断变化的力，如果没有这个力，物体就会作直线运动。不停旋转着的杯子产生出一个朝向中心的力，叫做向心力，是它限制影响着小球的运动。当球从杯子中出来以后，自身积累的动量使它能够继续运动，但只做直线运动。

力的较量

1 个塑料杯，细绳，1 个圆珠笔笔杆，剪刀，1 小卷胶带，一些弹球。

1. 在杯口处剪两个洞，穿入细绳，把绳子系在一起打个结，再从绳结上接一段长约 40 厘米的绳子。

2. 用这段绳子穿过圆珠笔笔筒，并在另一端系上胶带卷。

3. 在杯子里装满弹球，然后把它放在桌面上。

4. 握紧笔筒，让用线连着的胶带卷快速旋转。

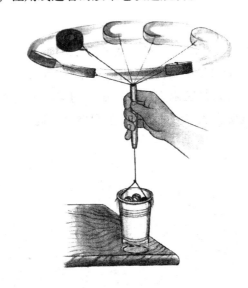

产生现象

过了一会儿，装满弹球的杯子离开桌面向上升了起来。

原因解答

旋转的胶带卷受到了一个向外的力，即离心力，它向上拽细线，这样就克服了杯子的重力。

孩子的力量游戏

材料准备

1 个三棱柱，1 根长 60 厘米的木尺，1 本厚重的书。

实验步骤

1. 把三棱柱放在桌子上，然后把尺子架在三棱柱上，让三棱柱位于尺子的中部。

2. 把书放在尺子一段，用手压另一端。

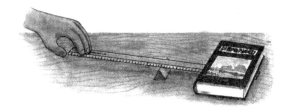

产生现象

放着书的一端仍然在桌子上，用手压另一端很难把它撬起来。

3. 把书和木尺一起移到很靠近三棱柱的地方，再用手压木尺另一端。

产生现象

你不费劲就把它撬了起来。

原因解答

尺子起了杠杆的作用。杠杆是一种简单的工具，通过杠杆可以不费劲地抬起重物。铁锹、钳子、起子都是杠杆。重物离支点（我们试验中的三棱柱）越近，施力点离支点越远就越省力，杠杆作用就越明显。现在你很快就能明白，如果用硬币或改锥撬铁桶的盖子，显然后者容易多了。

更加轻松的路线

1 个测力计（弹簧秤），1 包弹球和螺钉，1 根长 30 厘米的尺子，1 根长 60 厘米的尺子，1 摞高约 20 厘米的书，绳子。

实验步骤

1. 用细绳把一包螺钉挂在弹簧秤上。

2. 把这包螺钉放在书的一侧，然后向上提弹簧秤，读出把它提到与这摞书同高的位置时所用的力。

3. 把 30 厘米长的尺子的一端架在书上。

4. 将这包螺钉放在尺子上，用弹簧秤沿着尺子向上拉它，从弹簧秤上读出达到这摞书顶端所用的力。

5. 用 60 厘米长的尺子重复步骤 4。

产生现象

垂直提拉物体比借助尺子来完成所用的力大；当用的尺子更长时，需要的力更小。

原因解答

你用尺子制造了一个斜面，就是一个长的斜坡，让你可以用更小的力经过更多的路程把物体运到高处。旋转楼梯和盘旋的山路都是利用了这样的模式：加长了路程，上到高处的时候更省力，下的时候路线也不会太陡峭。斜面也是一种简单的省力工具。

找重心

1 根挂着螺母的绳子——铅垂线（悬在空中时位于垂直于地面的直线上），1 根钉子，1 支记号笔，1 支圆规，1 个三角板，1 个可以钉钉子的垂直于地面的平面，绳子，硬纸板，剪刀，锤子。

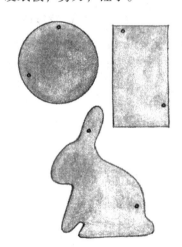

实验步骤

1. 用圆规在硬纸板上画一个圆，用三角板画一个矩形，再画一个不规则图形。把它们剪下来，在每个图板的边沿剪两个小洞。

2. 请大人在与地面垂直的平板上钉好钉子，然后把剪下来的图板和铅垂线一起（穿过其中的一个小洞）在钉子上挂起来，用笔在图板上划出铅垂线所在的线。

3. 再使用另外一个小洞挂起图板，重复第 2 个步骤，同样划出铅垂线所在直线。

4. 使用同样的方法在另外两个图板上也画两条线。

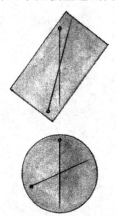

5. 在每张图板上两条线的交点处剪一个小洞，然后穿过细绳，并给绳子末端打结。

6. 用这条绳子挂起图板。

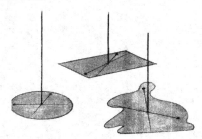

产生现象

图板不会摇晃和倾斜，保持平衡状态。

原因解答

图板上两条线的交点就是图板的重心，重心就是重力的平衡点。事实上，物体的重心就是物体受到想象中的全部重力的聚集点。如果在重心下放一个支撑物，物体也可以保持平衡，就和通过重心点悬挂重物一样。规则形态物体的重心就是它们的几何中心（平面的或立体的），而不规则形态的物体重心向较重的部分偏移。

神奇的盒子

材料准备

1 个有盖的硬纸盒，5 个硬币，胶带，实验桌。

实验步骤

1. 把盒子放在桌子边上，然后把它渐渐推出边沿。

产生现象

当盒子的中部超出了托着它的桌子边沿，盒子就掉了下去。

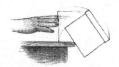

2. 打开盒子，用胶带把硬币粘在盒内的一角，再盖上盖子。

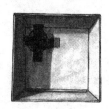

3. 把盒子放回桌子上，把它渐渐推出桌子边沿，直到只剩下粘着硬币的盒子的一角在桌上。

产生现象

即使盒子的中部越过了桌子边沿，盒子也没有掉下去。只要有硬币的一角还留在桌子上，盒子就仍处于平衡状态。

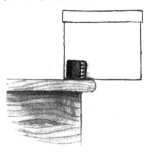

原因解答

空盒子的重心在它的中部，如果重心越过了支撑的底座（桌子），盒子就会掉下去，因为重力集中在那一点。如果在一个角落粘贴硬币，重心就移到硬币这边，只要重心还在支撑物（桌子）上，盒子就处于平衡状态。

重心是高还是低？

材料准备

带盖子的四方硬纸盒，重 30 克的物品，胶带。

实验步骤

1. 打开盒子，用胶带在盖子上粘好重物，再盖上。

2. 把盒子放在桌面上，使盒子里的重物处于比较高的位置，然后把盒子推倒。

3. 把盒子翻过来，让重物处于比较低的位置，再推倒它。

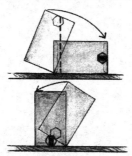

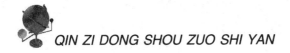

产生现象

　　重物比较高的时候，用小小的推力就可以把它推倒了；重物低的时候要用比较大的推力，否则尽管盒子倾斜较厉害，还是会转回到原来的位置。

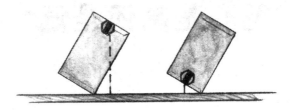

原因解答

　　重物高的时候整个盒子的重心也比较高，用较小的推力就可以让重心超过支撑基础的范围。如果重物低，接近底部，为了让重心超出支撑基础的范围，让盒子失去平衡，就需要很大的推力。事实上，如果物体重心沿着支撑基础范围内的某条垂线下降，物体仍会保持平衡状态。

连锁的"椅子"

材料准备

10 个以上个头差不多的孩子。

实验步骤

1. 所有孩子站成一个圈，一个站在另一个人的身后，其中指定一个人发口令。

2. 在同一个精确的时刻，所有人同时屈腿坐在后一个人的腿上。

产生现象

没有人摔倒，大家共同创造了一个稳定的结构。

原因解答

每个人的重量由后面人的膝盖来支撑，就好像坐在椅子上一样。所有的力在由大家共同形成的结构中抵消了，结构处于平衡状态，所以没有产生运动。

脆弱而又坚强的蛋壳

材料准备

2个鸡蛋，2本书，1把锯刀，1张实验台。

实验步骤

1. 在大人的帮助下把两个鸡蛋都煮熟，然后让它们自然冷却，用小锯刀切成相等的两部分，掏空。要很小心地切，每一半都要切得尽可能的平直光滑，使蛋壳可以平稳地放在桌子上。

2. 如图所示放置好蛋壳。

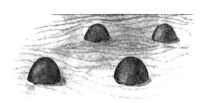

3. 把书平放在4个半块的蛋壳上。

产生现象

蛋壳没有破，支撑着书。

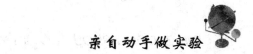

原因解答

　　书的重力挤压蛋壳，也就使组成蛋壳的内部各部分间相互排挤。这样蛋壳就可以在内部抵消书的重力，保持平衡状态。

坚韧的支撑物

材料准备

2 张薄纸板，1 个大口杯，一些弹球，2 个鞋盒。

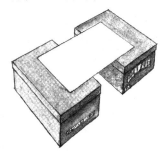

实验步骤

1. 在两个鞋盒之间留出 10 厘米的距离。

2. 在鞋盒间搭一张薄纸板，然后把杯子放在上面，并使杯子到两个盒子的距离差不多相等。

产生现象

在杯子的重压之下，纸张折了起来。

原因解答

薄纸板不能够承受杯子的重力。

3. 把另一张纸板放在两个鞋盒之间第一张纸板的下面，使其呈拱形，两张纸板相接触。

4. 把杯子放在纸板上，并往里面放一些弹球。

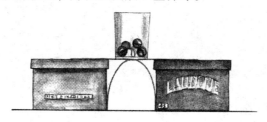

产生现象

新的结构不但可以承受杯子的重量，并且还能够承受弹球的重量。

原因解答

拱形的结构承重力很强，如果受到一个来自上方的压力（就好像这个例子中杯子的重力），它不会弯折变形。由于拱形结构的特性，现实中常被用于桥梁、楼房、堤坝等建造中。

连锁运动

材料准备

1 把尺子，2 枚硬币。

实验步骤

1. 把尺子放在一个光滑的桌面上。

2. 如右图所示，让一个硬币紧贴尺子的一端。

3. 让另一枚钱币在滑动中使劲撞向尺子的另一端。

产生现象

你推出的硬币撞到尺子以后，另一端的硬币好像直接被推出的硬币撞了一样，飞了出去。

原因解答

硬币的运动传给了尺子，尺子又把运动传给了另一枚硬币。

动量的传递

8 颗同样大小的弹珠，2 本厚书，1 张纸。

实验步骤

1. 如下图所示，在两本书之间搭好白纸，把 7 颗弹珠放入白纸形成的凹槽中，排成一行，相互紧贴着。

2. 用剩下那颗弹珠来撞击这一排弹珠。

3. 然后试试用两颗同时撞，再用 3 颗同时撞。

产生现象

用 1 颗弹球撞击时，排尾的 1 颗被弹开，如果用 2 颗同时撞，就有 2 颗被弹开，以此类推。

原因解答

　　初始那颗弹球的动量在撞击时被从一颗传到下一颗，一直传到最后一颗，这一颗前方没有阻碍，它利用获得的动量运动了出去。当撞击球是两颗或者更多时，它们动量更大，会转移到更多的球上。

齿　轮

1 张硬纸板，1 张适合描摹的薄纸，1 支笔，剪刀，胶水，2 枚大头针，1 块泡沫板。

1. 用两张纸分别描画出下图中的两个齿轮，记得也要画出中心点和齿轮上的记号。

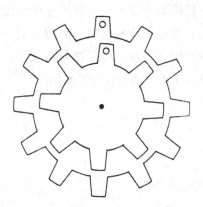

2. 把画好的图粘在硬纸壳上，剪下齿轮，在中心点和标记处掏个小孔。

3. 用大头针穿过中心点把齿轮固定在泡沫板上，并使做了标记的两个齿咬合存一起。

4. 用笔尖穿过大齿轮上的标记孔，并带动它转动，观察两个齿轮的标记孔的转动，确定当大齿轮转一圈时小齿轮转过的圈数。

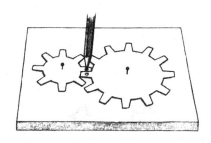

5. 再用笔尖带动小齿轮转动，算一算当小齿轮转过一圈时大齿轮转过的圈数。同时仔细观察两个齿轮是怎样转动的。

产生现象

大齿轮每转一圈，小齿轮差不多要转两圈；小齿轮每转一圈，大齿轮只转半圈。两个齿轮旋转的方向相反。

原因解答

两个齿轮组成了一套传动装置——一种快速传递运动和传递不断变化的力的简单装置。当大齿轮带动小齿轮转时，可以让它转得很快；小齿轮带动大齿轮转时，虽然齿轮转得慢一些，但是能量增大了。为了获得更快的速度或是更大的能量，这种传递运动的形式是很实用的。

蒸汽发动机

1个塑料杯子，2根两端有褶皱的吸管，1根钉子，绳子，1个盥洗池，橡皮泥。

实验步骤

1. 用钉子在靠近杯子底部的地方打两个相对的孔，孔的直径等于吸管的直径。

2. 剪下吸管的褶皱部分，插入孔中，用橡皮泥固定好，并把它们都朝一个方向弯折。

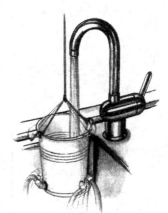

3. 再在杯口处剪两个小洞，穿入细绳，如左图所示，把杯子悬挂在盥洗池上方。

4. 放水流入杯子中。

产生现象

杯子会旋转，且旋转方向与水从吸管流出来的方向相反。

原因解答

水从管子中流出来的同时给了管子一个反方向的作用力，即运动的反作用力。

哪些东西能抵抗吸引力？

材料准备

不同材质的物品：铁、木头、玻璃、塑料、钢、布料、纸；不同材质的表面电冰箱门、衣柜门、墙、玻璃；1块与绳子连接在一起的磁铁。

实验步骤

1. 把准备的所有物品分成两组：金属制品和非金属制品。

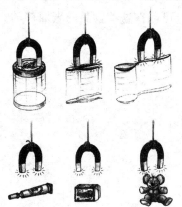

2. 用磁铁依次靠近第一组的物品。
3. 按照第一组的做法，用磁铁依次靠近第二组的物品。
4. 用磁铁靠近电冰箱、衣柜、墙壁和玻璃等表面。

产生现象

准备的金属物品被磁铁紧紧地吸住了，所有的非金属物品都没有被磁铁吸住。同样，磁铁吸住了有些材质的表面，但是对其他材质的表面并不起作用。

原因解答

　　磁铁是一种钢片或铁片，它拥有一种特殊的能力吸引由钢、铁、镍、钴、铬制造的金属或者材料中包含有少量任意一种上述金属的东西。相反，木头、玻璃、塑料、纸和布料则不会被磁铁的这种力量吸引。磁铁对大体积钢质物品表面也有吸引力，而且可以在这些物品的表面移动。

水下的磁力

材料准备

1 块磁铁，1 个水壶，1 个回形针，水。

实验步骤

1. 把水倒入壶中，把回形针扔下去。

2. 把磁铁放在水壶外面，挨着回形针那一侧。当回形针被磁铁吸住的时候，慢慢地把磁铁向上移。

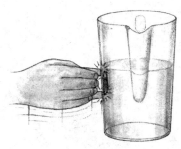

产生现象

回形针跟着磁铁移动起来，直到磁铁上移的高度超出了水面。用这个方法，你不用弄湿手就能把回形针拿出来了！

原因解答

因为磁铁透过这杯水同样能发挥它的磁力作用。如果水壶是铁质的或者钢质的，回形针仍然会被磁铁吸住，但是磁力的强度会稍弱一些，因为一部分磁力已经被钢铁质水壶吸收了。

赛车游戏

材料准备

1张卡片，1把剪刀，1卷胶带，几支彩笔，1张大的硬纸板，2根小棍子，2块磁铁，2块小钢片，4本厚书，1张桌子。

实验步骤

1. 画4个等大圆角的长方形，并把它们剪下来，然后在其中的2张上画2辆不同形状的汽车的俯视图，并给它们上色。

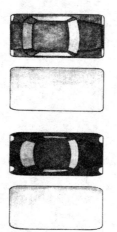

2. 用胶带把2块钢片分别固定在2张汽车图与另2张汽车图之间。

3. 在硬纸板上画出 2 条跑道，在每条跑道上都画上起点和终点，并且上色，然后像图中那样，把硬纸板架在书上。

4. 把 2 辆纸板汽车放在起点上。

5. 用胶带把 2 块磁铁分别紧紧地绑在 2 根小棍上。

6. 把系着磁铁的 2 根小棍放在硬纸板下面，分别对应着 2 辆小汽车。这样，移动小棍，你就能让汽车沿着跑道移动。现在叫上你的朋友，进行一场赛车比赛吧！

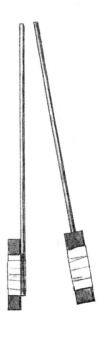

产生现象

纸板汽车跟着硬纸板下磁铁的移动，在跑道上奔跑起来。

原因解答

磁铁的磁力透过硬纸板，吸住了粘在纸板汽车里的小钢片。所以系着磁铁的小棍一动，小汽车就跟着跑了起来。

龙 舟 赛

2 根大约 40 厘米长的木棍，2 块磁铁，2 根大约 30 厘米长的细绳，一些针，彩色的卡片，1 把剪刀，4 个软木塞，一些牙签，1 卷胶带，1 个盆，水。

实验步骤

1. 在木棍的末端系上细绳，细绳的另一端拴着磁铁。按这种方法，做 2 根"钓鱼竿"。

2. 造一艘"龙舟"：如下图所示，用 1 根牙签把 3 个软木塞穿在一起。

3. 把2根针插在中间的软木塞上，作为小船的桅杆，然后从卡片中剪2个正方形作为帆，用胶带把它们粘在针上。

4. 往盆里装满水，并把"小船"放在水中。提起你的"钓鱼竿"，让它悬在小船的上面，请你的朋友拿起另一根"钓鱼竿"。

产生现象

悬挂在盆上面的鱼竿没有触碰到小船就使小船移动了。

原因解答

虽然磁铁和针没有碰在一起，但是磁铁的磁力牵引着针，带动了小船移动。